极简
活力蔬果汁

郑楚 著

U0314533

中医古籍出版社

Publishing House of Ancient Chinese Medical Books

图书在版编目（CIP）数据

极简活力蔬果汁 / 郑楚著. —北京：中医古籍出版社, 2024.6

ISBN 978-7-5152-2836-5

Ⅰ.①极… Ⅱ.①郑… Ⅲ.①果汁饮料－制作②蔬菜－饮料－制作 Ⅳ.①TS275.5

中国国家版本馆CIP数据核字(2024)第088930号

极简活力蔬果汁

郑楚　著

策划编辑	李　淳	
责任编辑	李美玲	
封面设计	王青宜	
出版发行	中医古籍出版社	
社　　址	北京市东城区东直门内南小街 16 号（100700）	
电　　话	010-64089446（总编室）010-64002949（发行部）	
网　　址	www.zhongyiguji.com.cn	
印　　刷	水印书香（唐山）印刷有限公司	
开　　本	787mm×1092mm　1/32	
印　　张	6.5	
字　　数	124 千字	
版　　次	2024 年 6 月第 1 版　2024 年 6 月第 1 次印刷	
书　　号	ISBN 978-7-5152-2836-5	
定　　价	58.00 元	

目 录

PART 3 喝走病痛
——无病一身轻

PART 4 喝出好状态
　　——活力满满笑容灿烂

PART 5 特殊人群蔬果汁
——适合的就是最好的

PART 1

自制蔬果汁

你需要了解这些

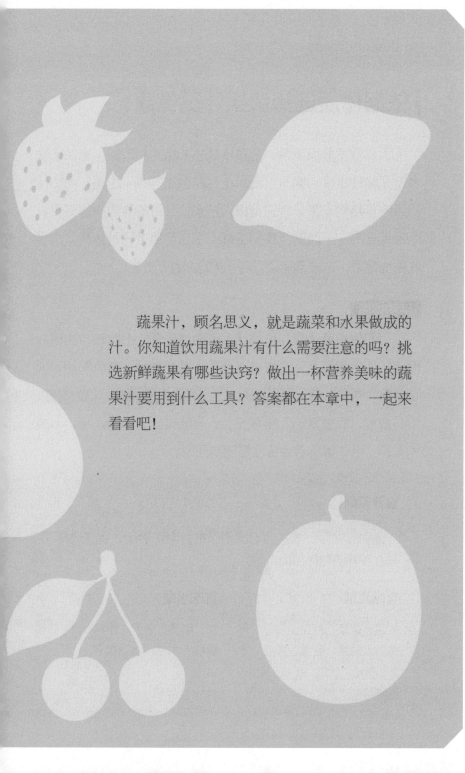

　　蔬果汁，顾名思义，就是蔬菜和水果做成的汁。你知道饮用蔬果汁有什么需要注意的吗？挑选新鲜蔬果有哪些诀窍？做出一杯营养美味的蔬果汁要用到什么工具？答案都在本章中，一起来看看吧！

依据体质选择蔬果汁更健康

人的体质分很多种，蔬菜水果也分温性和凉性。寒性体质者吃了凉性水果，则寒气更大，容易引起胃寒、腹泻；内热体质者吃了热性水果，特别是摄入过多，又可能导致内热更重、咽喉肿痛等。下面就让我们了解一下自己属于哪种体质，适合吃哪些蔬果，再来选择适合自己的蔬果汁吧！

平和体质

平和体质者体形匀称健壮，无明显驼背，平时较少生病。面色、肤色润泽，头发浓密有光泽，目光有神，鼻色明润，嗅觉灵敏，味觉正常，唇色红润，舌色淡红，苔薄白，精力充沛，不易疲劳，耐受寒热，睡眠安和，食欲良好，二便正常，脉缓和有神。平和体质者通常性格随和开朗。

食养原则

"谨和五味"，顺应四时阴阳以维持阴阳平衡，适量选食具有缓补阴阳作用的食物。

宜吃蔬菜

韭菜、菠菜、芹菜、油菜、荠菜、大白菜、香菜、菜花、萝卜、黄瓜、丝瓜、冬瓜、南瓜、春笋等。

宜吃水果

梨、桃子、李子、樱桃、杏、荔枝、木瓜、番石榴等。

气虚体质

　　气虚体质者一般身形消瘦或偏胖，面色淡白或偏黄，目光少神，气短懒言，容易疲劳，容易出汗，动则尤甚，寒热耐受力差，尤不耐寒，常表现为舌色淡红，舌边有齿痕，苔白，脉虚弱。气虚体质者通常性格内向、情绪不稳定、胆小、不喜欢冒险。

食养原则

益气健脾、补气养气。

宜吃蔬菜

圆白菜、胡萝卜、南瓜、土豆、山药、红薯、莲藕等。

宜吃水果

苹果、橙子、红枣等。

阴虚体质

阴虚体质者多见体形瘦长，手足心热，易口燥咽干，鼻微干，渴喜冷饮，大便干燥，面色潮红，有烘热感，目干涩，视物花，唇红微干，皮肤偏干，易生皱纹，眩晕耳鸣，睡眠差，小便短涩，性情急躁，外向好动、活泼。平素容易患有阴亏燥热的病变，或病后易表现为阴虚特征。不耐热邪、燥邪，耐冬不耐夏。舌红少津，少苔，脉搏不是特别有力。阴虚体质者性格外向而喜动，易出现注意力不集中、烦躁不安、易激动等表现。

食养原则

补阴清热、滋养肝肾。

宜吃蔬菜

菠菜、黄瓜、冬瓜、丝瓜、苦瓜、生莲藕等。

宜吃水果

苹果、梨、葡萄、香蕉、柠檬、柑橘、石榴、枇杷、杨桃、桑椹等。

阳虚体质

阳虚体质者形体白胖，肌肉松软，面色淡白少华，目胞晦暗，口唇色淡，毛发容易脱落。精神不振，睡眠偏多，畏寒怕冷，手足不温，脘腹及腰背部常觉怕冷，喜热饮食，不耐受寒邪，耐夏不耐冬。小便清长，大便溏薄，舌淡胖嫩，边有齿痕，苔润，脉沉迟。阳虚体质者通常性格内向、沉静。

食养原则

益阳祛寒、温补脾肾。

宜吃蔬菜

韭菜、黄豆芽、南瓜、胡萝卜、山药、竹笋、紫菜等。

宜吃水果

香蕉、马蹄、甜瓜、柑橘、柚子、火龙果、枇杷等。

痰湿体质

　　痰湿体质者体形肥胖，腹部松软，主要表现为面部皮肤油腻多脂，容易出汗，经常自感胸闷、痰多，且面色多淡黄、暗淡，容易犯困，眼睑稍有浮肿，口黏腻，喜食肥甘甜黏之品，大便无明显异常，小便微浑浊，舌体大而胖，舌苔白腻，脉滑。痰湿体质者通常性格偏温和稳重、恭谦和达，多善于忍耐。

食养原则

化痰除湿。

宜吃蔬菜

韭菜、圆白菜、香椿、芥菜、洋葱、白萝卜、大头菜、山药、土豆、香菇、紫菜等。

宜吃水果

樱桃、杏、荔枝、木瓜、柠檬、杨梅、枇杷、白果等。

湿热体质

湿热体质者身形偏胖或偏瘦，平素面垢油光，容易生痤疮粉刺，易口苦口干，眼睛红赤，心烦，四肢沉重倦怠，大便燥结或黏滞，小便短赤，男性阴囊潮湿，女性带下增多、色黄、带下异味较重，舌质红，苔黄腻，脉滑数或濡数。由于湿热内蕴，肝胆多郁，湿热体质者通常急躁易怒，性格偏内向、情绪不稳定。

食养原则

饮食宜清淡，少甜食，常吃些能清热利湿的食物。

宜吃蔬菜

芹菜、荠菜、芥蓝、苦瓜、菜瓜、丝瓜、竹笋、紫菜等。

宜吃水果

梨、香蕉、猕猴桃、西瓜、柿子、甘蔗等。

气郁体质

气郁体质者身形偏瘦者居多，面色多苍黄或萎黄，通常神情郁闷，郁郁寡欢或性情急躁易怒，易激动，易呃逆，叹气，可伴有胸胁、脘腹、乳房及少腹等部位胀闷疼痛，且部位不固定，症状时轻时重，疼痛常在嗳气、叹气、肠鸣、矢气后减轻，或随情绪的波动而加重或减轻，舌淡红，苔薄白多见，脉以弦为主。气郁体质者通常性格内向、忧郁脆弱、敏感多虑。

食养原则

疏肝理气、行气解郁。

宜吃蔬菜

圆白菜、油菜、香菜、丝瓜、洋葱、萝卜、刀豆、黄花菜等。

宜吃水果

葡萄、橙子、柑橘、柚子、佛手等。

瘀血体质

瘀血体质者以瘦人居多，通常面色晦暗，皮肤偏暗或有色素沉着，容易出现瘀斑，易患疼痛性疾病，口唇暗淡或发紫，舌质暗，有瘀点或瘀斑，舌下静脉曲张，脉细涩或结代。可伴有肌肤干，易脱发，眼眶暗黑，鼻部暗滞，女性多见痛经、闭经或经血中多凝血块，或经色紫黑有块，崩漏，或有出血倾向。瘀血体质者急躁健忘、心情易烦。

食养原则

活血化瘀。

宜吃蔬菜

油菜、韭菜、茄子、胡萝卜、慈菇、黑木耳等。

宜吃水果

桃子、金橘、橙子、柚子、芒果、番木瓜等。

特禀体质

　　特禀体质者对外界适应能力差，如对过敏季节适应能力差，易引发宿疾。特禀体质者常因其表现不一，舌苔脉象也不一样，如鼻塞、喷嚏者多舌淡，苔白，脉浮或滑；皮肤发疹者多舌红，苔薄，脉细，或也可如平和体质者。特禀体质者通常内心敏感，易产生自卑、焦虑等情绪。

食养原则

防过敏，饮食宜清淡。

宜吃蔬菜

圆白菜、芹菜、大白菜、菜花、茄子、胡萝卜、芦笋、红薯、甜菜等。

宜吃水果

猕猴桃、西瓜、草莓、橘子、柑橘、芒果、木瓜、杏、柿子。

挑选新鲜蔬果的诀窍

　　蔬果一定要选新鲜的，并且要是自己喜欢吃的，这样才能榨出令人满意的蔬果汁。另外，要选择成熟、多汁、没有污染的蔬果。下面介绍一些榨汁时常用蔬果的挑选方法。

芹菜

　　鲜嫩的芹菜茎部既翠绿又饱满，没有斑点；叶柄是淡绿色的，叶子是翠绿色的；芹菜味儿浓。

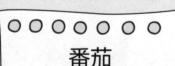

黄瓜

　　好的黄瓜无折断损伤，带刺，挂白霜，皮薄肉厚，清香爽脆，无苦味，无病虫害。自然生长的黄瓜瓜身有弯曲弧度。

番茄

　　外形圆滑，蒂周围有些绿色，捏起来手感不硬，籽粒呈土黄色，肉色红、沙瓤、多汁，这种番茄更适合用来榨汁。

胡萝卜

　　宜选光泽度好的，这种胡萝卜新鲜且水分充足。手感比较沉的胡萝卜水分足，一般不会糠心。颜色越深的胡萝卜口感越甜。

白萝卜

表面光滑、根部单一尖又长、体型中等、手感沉的白萝卜，甘甜爽脆，水分充足，更适合用来榨汁。

莲藕

宜挑较粗而短的藕节，这样的莲藕成熟度高，口感更好。榨汁宜选9孔莲藕，这种莲藕属于脆藕，其水分较高。

圆白菜

外表光滑、无虫眼、无伤疤的质量较好。颜色呈鲜绿色，根部呈淡绿色或偏白色，说明圆白菜很新鲜。相同大小的圆白菜分量重一些的比较好。

西蓝花

看颜色，鲜嫩的西蓝花颜色浓绿鲜亮。掂重量，手感较重的质量较好。宜选花球表面整体有隆起感、花蕾紧密结实的，宜选花茎捏起来较嫩的。

菠萝

好的菠萝表皮呈淡黄色或亮黄色，两端略带青绿色。用手按压菠萝，挺实而微软的是成熟度好的。好的菠萝外皮上能闻到馥郁的果肉香味。

苹果

成熟的苹果会散发香味。果斑明显的苹果甜度和口感都较好，黄里透红的苹果一般很甜。甜的苹果果脐凹陷较深。甜的苹果果皮比较粗糙，酸的苹果果皮比较光滑。

香蕉

新鲜的香蕉根茎完好泛青。棱角圆滑的香蕉比棱角分明的香蕉成熟度好且更香甜。选择表皮金黄，根部不发黑，且没有很多斑点的香蕉最为适宜。

草莓

好的草莓呈圆锥形，颜色均匀、色泽红亮，表面有细小绒毛，草莓籽呈黄色或白色，果蒂呈鲜绿色。口感香甜的草莓闻起来会有一股淡淡的草莓香味。

西瓜

敲打西瓜，声音清脆响亮的吃起来爽脆甘甜。看西瓜的纹路，纹路裂开程度越大的西瓜味道越好。此外，西瓜两头大小相差小，说明西瓜长势好，含有充足的水分和糖分。

梨

应选大小适中、果皮光洁、果肉软硬适中并且果皮无虫眼和损伤，闻起来有果香的梨。

猕猴桃

优质猕猴桃呈椭圆形，上粗下细，体型饱满，个头中等，大小均匀。表皮颜色为绿褐色，果毛不易脱落的是新鲜的猕猴桃。按压微软不凹陷、软硬适中的成熟度最佳。

橙子

选橙子的果脐小的。椭圆形的橙子比圆形的橙子更甜。成熟的橙子大多是橙黄色，即黄色中带有一些红色，口感更甜。好的橙子拿在手里无轻浮感。

饮用蔬果汁的注意事项

蔬果汁虽然健康美味，但如果在制作和饮用方面走进误区的话，也许还会起到适得其反的作用，影响身体健康。以下将为大家介绍一些关于制作、饮用蔬果汁的注意事项。

选用新鲜的应季蔬果

新鲜的应季蔬菜、水果营养价值高，味道也比较好。反季节蔬果多产自温室大棚，也许会经过催熟剂催熟，残留有害物质，不利于人体健康。

快速榨汁

很多蔬果中的维生素在蔬果被切开后或多或少会有所流失，因而榨汁时应快速操作。将各种材料放入榨汁机后，尽量在短时间内完成整个制作过程。

渣滓不要丢掉

新鲜蔬果经过榨汁后，很容易出现植物纤维丢失的情况。植物纤维对人体具有重要的保健作用，能润肠通便，有助于降低血糖、血脂等，所以，蔬果在榨汁后最好连同剩余的渣滓一起吃掉。

喝蔬果汁的最佳时间

蔬果汁可以随时随地适当饮用，如果讲求最佳效果，一般在饭前或饭后饮用最好，在早起时与两餐之间的空腹时饮用也较好，睡前饮用会对睡眠有所帮助。蔬果汁一般不会为肠胃增加负担，而能充分补给维生素和矿物质。

蔬果汁不宜放置太长时间

新鲜的蔬果汁含有丰富的维生素，如果放置时间长了，维生素会遭到破坏，使得营养价值降低。蔬果汁最好能现榨现喝，在30分钟内喝完最佳。如果喝不完，常温保存不能超过2小时，这里的常温是指28℃左右，高于这个温度，喝不完就放冰箱冷藏吧。虽然低温对细菌生长有一定的抑制作用，但放冰箱冷藏保存也不要超过24小时。

哪些人不适合喝蔬果汁

不是每个人都适合喝蔬果汁，因为蔬菜中含有大量的钾离子，肾炎患者的排钾功能已发生障碍，大量饮用容易出现高钾血症。此外，不管哪种原因引起的高钾血症都暂时不适合喝蔬果汁。糖尿病患者需要长期控制血糖，在喝果蔬汁前必须计算其中的碳水化合物含量，并将其纳入饮食计划中，不是随便喝多少都行。

不宜用蔬果汁送服药物

蔬果汁中通常富含维生素C、果酸等，这些酸性物质易致一些碱性药物提前分解或者溶化，故不利于药物吸收。有些药物如包糖衣及肠溶衣，在酸性条件下易对胃肠道产生刺激，又影响药效发挥，甚至还会出现较严重的不良反应。自制蔬果汁中常加入的牛奶，其含有较多的钙、铁、磷等无机盐类物质，有些药物可与之发生相互作用，也可影响药物吸收及降低药效。

宜用蜂蜜、香甜味较重的水果等自然的甜味剂来给蔬果汁调味，加白糖易导致蔬果汁中B族维生素的损失及钙、镁的流失。

蔬果汁的神奇力量

蔬果里含有丰富的天然维生素，新鲜蔬果榨成的汁，其营养成分也是非常丰富的。坚持饮用蔬果汁，身体会出现许多好的变化。究竟，会有哪些转变呢？

抗氧化、抗衰老

新鲜蔬果富含胡萝卜素及维生素 C 等多种植物营养素，使其具有抗氧化的作用，有防止细胞衰老、清除自由基以及防癌抗癌的功效。

营养丰富，易于吸收

新鲜蔬果富含维生素、矿物质、钙、铁等人体必需的营养物质。蔬果汁容易被肠胃吸收，以更好地滋养人体。通常我们吃下的一般食物，大约在胃里停留 2 个小时，在小肠里停留 3 个小时，然后才能被血液吸收，而饮用蔬果汁 20 分钟后，便会被血液吸收，再传送到身体各个器官，营养物质被人体吸收利用。

促进新陈代谢、减肥瘦身

新鲜蔬果中富含的膳食纤维，在帮助机体消化、排泄和清除体内的毒素的同时，也有减肥瘦身的功效。

缓解紧张情绪

新鲜的水果汁是减压剂，清新浓郁的水果香味能提神醒脑，使长时间紧张工作、学习的人精神愉悦。

提高免疫力

新鲜蔬果中含有丰富的维生素和矿物质，具有增进身体各项功能的作用。例如维生素 A 原能强化皮肤和黏膜，防止感冒病毒等的入侵。矿物质之一的铁可预防贫血，钙能强健骨骼等。总的来说，经常饮用富含维生素和矿物质的蔬果汁，能打造少生病或不生病的强健体魄。

告别亚健康

蔬果汁有助于调理多种"问题"体质，让饱受失眠、便秘、贫血等问题困扰的人，调理出好状态，轻松摆脱亚健康状态。

蔬果汁的基本做法

只要有材料就能轻松制作蔬果汁，不过，如果能掌握一些诀窍，制作起来会更轻松。下面以胡萝卜苹果汁为例介绍制作蔬果汁的要诀。

切食材

将蔬菜和水果彻底清洗后，去除不能食用的部分，比如果核，然后切成一口大小（约2厘米见方）。较硬或有筋络的蔬果切小一点儿，更容易搅打。

放入榨汁机中

向榨汁机中添加切好的蔬果，轻的食材先放，重的食材后放，过度混合会产生苦味的叶菜放在最上面，或者搅打中途再放，这样做好的蔬果汁会更好喝。

搅打

　　用填料棒或筷子将蔬果稍微向下按压，除了水分多的材料不加水外，其他的都要加适量纯净水或凉开水，盖上盖子后按下开关。榨汁机不易搅拌时，可先暂停，打开盖子，用筷子等工具将食材拨到中央会比较容易搅打均匀。

完成

　　材料整体搅打均匀变细滑并确认无块状物后蔬果汁就完成了。用匙子舀取少量尝尝，确认质感和味道。太过黏稠，可以加点儿水来调节；如果味道不清爽，可以加入柠檬汁调整。刚制好的蔬果汁最新鲜，马上饮用吧！

自制蔬果汁的常用工具

"工欲善其事，必先利其器"，想要制作出营养好喝的蔬果汁，当然离不开制作工具的帮忙。根据蔬果本身的不同性质，选择适宜的制作工具，是做好蔬果汁的前提和基础。下面介绍在自制蔬果汁时经常会用到的一些工具。

 榨汁工具

普通榨汁机

操作比较简单，工作原理是利用高速旋转的刀片将蔬菜、水果切碎成渣，使蔬果汁在离心力的作用下通过细密的不锈钢过滤网流出，可以将蔬果汁与渣滓分开。如果想要一杯黏稠型的蔬果汁，只需取出过滤网，发挥榨汁机的搅拌功能即可，这样可以把渣滓留在蔬果汁中。

优点 经济实惠。

缺点 清洗麻烦。

原汁机

原汁机也称冷榨机。其采用低速螺旋挤压技术，挤压转速越低越好，一般原汁机每分钟转速 75 转左右，像挤毛巾一样将果汁慢慢挤出来，不破坏水果细胞结构，使水果营养得以保全，而且低速出汁不会产生高热，也避免了果汁受热氧化的问题。

优点 可保留蔬果的大部分营养。

缺点 价格比普通榨汁机高。

破壁料理机

破壁料理机集榨汁机、料理机、研磨机、豆浆机、冰激凌机等功能于一身，一机多用。它可以瞬间击破食物细胞壁，释放蔬果中的营养。破壁料理机可以把食物研磨得更细碎，做出的蔬果汁口感更顺滑。

优点 好清洗。

缺点 工作时噪音大，价格相对较高。

榨汁机的品质决定了蔬果汁的品质，宜选购质量好的且适合自己需求的。

选择CHOOSE

对口感要求不高、不在乎清洗麻烦，希望价格便宜些的人，可以选普通榨汁机；想要蔬果汁口感好、氧化程度低，同时能接受比普通榨汁机价格高一些的人，可以选原汁机；想要一机多能，同时不太在意价格和噪声的人，可以选破壁料理机。可根据自己的实际需要选购。

水果刀

准备一把制作蔬果汁的专用水果刀，用来切水果和蔬菜等食物，既卫生又不串味。每次用完水果刀后，要及时用水清洗干净并擦干，防止生锈。如果刀面生锈，可滴几滴鲜柠檬汁在上面，轻轻将锈迹擦洗干净即可。

削皮器

用来给蔬菜、水果削皮用，削皮器操作简单、顺手，比拿水果器给蔬菜水果削皮更方便、更安全。使用时注意由内侧往外侧削皮，这样手不容易受伤。用完及时用水冲洗干净。削皮器两侧夹住的蔬果渣可以用牙签清除掉。

搅拌棒

搅拌棒是蔬果汁制作完成倒入杯中后，让蔬果汁中的汁液和溶质能均匀混合的好帮手。底部有勺子的搅拌棒适用于搅拌各类蔬果汁。底部没有勺子的搅拌棒，适合用来搅拌没有溶质或者是溶质较少的蔬果汁。搅拌棒使用完应马上用清水洗净、晾干。也可以用家中常用的长柄金属汤匙来代替搅拌棒。

砧板

砧板通常分木质、竹质和塑料三类。最好准备一个制作蔬果汁的专用砧板，只拿来切蔬菜和水果。每次使用后要清洗干净并晾干。

PART 2

喝出美丽

——皮肤好身材棒

通过饮用各种口味的蔬果汁的方式来变美，是如今许多人追崇的一种新风尚。这种方法不仅简单、容易操作，而且成本便宜经济。最重要的是，取材自大自然的食材，不会对身体有副作用。蔬果汁营养、美味又健康的同时，还是保持好身材、好气色、好皮肤的秘密武器。

纤体瘦身

肥胖是现代人的健康问题之一，许多人为之而烦恼，过度节食又容易造成营养不良或心理压力。一天一杯蔬果汁，可避免过度进食，还有助于补充不足的营养，轻松拥有饱腹感与曼妙身材。

饮食要点

保持摄入与消耗的平衡。当进食过多时，应当多做些运动，来增加热量的消耗，以避免脂肪在体内堆积；不必拒绝肉类，拒绝肉类就不能摄取足够的蛋白质，会出现体虚、头晕、肌肉弹性下降、皮肤光泽度不好等；不能不吃主食，因为脂肪的燃烧需要主食中富含的碳水化合物的参与；此外，也不宜吃夜宵。

🍲 宜吃食物

玉米

富含的膳食纤维能润肠通便，有助于告别臃肿的小腹。

芹菜

富含的膳食纤维能促使脂肪分解。

黄瓜

可抑制糖类向脂肪的转化，减少人体脂肪的贮存积累。

大白菜

含有的膳食纤维能增加饱腹感，降低油脂吸收，促进减肥。

苦瓜

具有清脂减肥的作用，能阻止脂肪聚积。

柠檬

富含的维生素C能促进脂肪有效分解。

瘦身丰胸
黄瓜木瓜汁

材料：

黄瓜 ......1 根
木瓜 ......1/2 个
凉开水 ......150 毫升

做法：

1. 黄瓜去蒂，洗净，切小丁；
   木瓜去皮、籽，洗净，切小丁。

2. 将切好的黄瓜和木瓜一同放
   入榨汁机中，加入凉开水，搅
   打成口感细滑状即可。

也能这样搭

黄瓜 + 芹菜

黄瓜和芹菜都是低热量的蔬
菜，搭配榨汁口感清香还不
会增重。

排油减脂
芹菜葡萄柚汁

材料:

芹菜 ......150 克
葡萄柚 ......100 克
凉开水 ......150 毫升

做法:

1. 芹菜去根,洗净,留叶切小段;葡萄柚洗净,去皮,切小块。

2. 将切好的芹菜和葡萄柚一同放入榨汁机中,加入凉开水,搅打成口感细滑状即可。

也能这样搭

芹菜 + 玉米粒

二者搭配所富含的膳食纤维可以增加饱腹感,减少进食量。

促进脂肪消耗

大白菜番茄汁

材料:

大白菜 ......150 克

番茄 ......1 个

凉开水 ......150 毫升

蜂蜜 ...... 少许

做法:

1. 大白菜择洗干净,切碎;番茄洗净,去蒂,切小块。

2. 将切好的大白菜和番茄一同放入榨汁机中,加入凉开水和蜂蜜,搅打成口感细滑状即可。

也能这样搭

- -

大白菜 + 南瓜

二者搭配热量低且富含膳食纤维,能增强饱腹感,减少进食量,对控制体重有益。

塑形美体

现代医学和传统医学都认为，人形体的健美与饮食营养有着密切的关系。丰满的胸部、性感的翘臀、纤细的美腿，这些苗条性感的好身材，可以通过科学合理的饮食来实现。一天一杯蔬果汁对塑形美体有益，有助于塑造好身材！

饮食要点

要保持体形的健美，必须注意摄入的营养素要均衡，食物的搭配也要平衡、合理、多样化；饮食要注意粗粮细粮搭配、软硬搭配、干稀搭配、荤素搭配，以使食物营养互补。另外，适量食用脂类食物有益于塑造好身材，脂肪能使皮肤丰满而不皱缩，富于弹性而不松弛，能使皮肤光泽润滑，而不至于干燥粗糙，使人身材匀称并具曲线美。

🍲 宜吃食物

 牛奶
含有蛋白质和脂肪，可起到较好的丰胸效果。

 花生
富含 B 族维生素、维生素 E，能使胸部丰满、健美。

 黄瓜
富含的丙醇二酸具有分解脂肪的作用，有助于消除腰部赘肉。

 番茄
具有利尿、消水肿的功效，有助于消除腿部水肿。

 大白菜
富含的膳食纤维能防止便秘，有助于抚平"大肚腩"。

 红薯
含有类似雌激素物质，能防止臀部皮肤松弛下垂。

木瓜玉米牛奶汁

材料：

木瓜 ......1/2 个

嫩玉米粒 ......30 克

纯牛奶 ......350 毫升

做法：

1. 木瓜去皮、籽，洗净，切小丁；
   嫩玉米粒洗净，煮熟。

2. 将熟玉米粒和切好的木瓜一
   同放入榨汁机中，加入纯牛奶，
   搅打成口感细滑状即可。

也能这样搭

牛奶 + 西芹

二者搭配不仅具有丰胸的作
用，而且能帮助瘦脸。

花生香蕉豆浆汁

材料:

花生米 ......25 克
香蕉 ......1 根
熟豆浆 ......400 毫升

做法:

1. 花生米洗净,用清水浸泡 3~4 小时,煮熟;香蕉去皮,切小块。

2. 将煮熟的花生米和切好的香蕉一同放入榨汁机中,加入豆浆,搅打成口感细滑状即可。

也能这样搭

花生 + 酸奶

二者搭配可缓解便秘,起到一定的清肠减肥效果,让小腹看上去更加平坦。

消脂瘦腿
番茄苹果汁

材料：

番茄 ......1 个
苹果 ......1/2 个
凉开水 ......150 毫升

做法：

1. 番茄洗净，去蒂，切小块；
   苹果洗净，去蒂，切小丁。

2. 将切好的番茄和苹果一同放
   入榨汁机中，加入凉开水，
   搅打成口感细滑状即可。

也能这样搭

番茄 + 白萝卜

白萝卜也有较好的瘦腿作
用，能促进脂肪类物质代谢，
避免脂肪在皮下堆积，可减
少大腿部位堆积脂肪。

美白亮肤

　　拥有晶莹剔透的肤色，往往能遮盖很多肌肤上的瑕疵，令人焕发亮丽神采。要肌肤美白透亮，化妆品不是唯一的选择，因为化妆品在带给我们瞬间美丽的同时也伤害着我们的肌肤。每天喝一杯富含多种维生素的蔬果汁能美白又亮肤！

饮食要点

　　多吃些番茄、草莓、猕猴桃、橙子等富含维生素C的食物，能帮助黑色素还原，预防雀斑、黑斑，有助于由内而外地美白。要少喝含有色素的饮料，如浓茶、咖啡等，这些饮料可增加皮肤色素沉着。最好不吃香菜、芹菜、茴香、白萝卜等"感光"蔬菜，这些蔬菜容易吸收阳光中的紫外线，导致色素沉着加速，产生色斑或使肌肤变黑。

🍲 宜吃食物

番茄
富含的番茄红素和维生素C能抑制黑色素形成，消除雀斑。

杏仁
富含维生素E，能使皮肤白皙、润燥、洁净。

大枣
富含抗氧化物质，可使肌肤嫩白透红。

柠檬
含有的果酸能令肌肤变得白皙而富有光泽。

草莓
富含维生素C和果酸，能使皮肤白嫩细腻，可改善脸色晦暗、缺乏光泽。

薏苡仁
含有的维生素E可改善肤色，让皮肤白皙、光泽细腻。

美白淡斑

番茄柳橙雪梨汁

材料：

番茄 ......2 个

柳橙 ......1/2 个

雪梨 ......1/2 个

凉开水 ......150 毫升

做法：

1. 番茄洗净，去蒂，切小块；
   柳橙洗净，去皮、籽，切小块；
   雪梨洗净，去蒂、核，切小丁。

2. 将切好的番茄、柳橙和雪梨
   一同放入榨汁机中，加入凉开
   水，搅打成口感细滑状即可。

也能这样搭

番茄 + 樱桃

二者富含维生素 C，能使皮肤
健康明亮，不易晒伤老化。

补血养颜

红枣苹果汁

也能这样搭

材料：

红枣 ......6 枚

苹果 ......1/2 个

凉开水 ......200 毫升

蜂蜜 ...... 少许

红枣 + 银耳

二者搭配能够滋养肌肤，改善干燥、色斑等问题，让肌肤重放年轻光彩。

做法：

1. 红枣洗净，去核，切小丁；苹果洗净，去蒂、核，切小丁。

2. 将切好的红枣和苹果一同放入榨汁机中，加入凉开水和蜂蜜，搅打成口感细滑状即可。

美白亮颜

山楂柠檬苹果汁

材料：

山楂 ......3 枚　　苹果 ......1/2 个

柠檬 ......1/4 个　　蜂蜜 ......少许

凉开水 ......200 毫升

做法：

1. 山楂洗净，去蒂、籽，切小丁；
   苹果洗净，去蒂、核，切小丁；
   柠檬去皮、籽，切小块。

2. 将切好的山楂、苹果、柠
   檬一同放入榨汁机中，加入
   凉开水和蜂蜜，搅打成口感
   细滑状即可。

也能这样搭

柠檬 + 西瓜

二者搭配榨汁饮用，可使肌肤细腻、白净、富有光泽。

紧肤祛皱

皱纹是肌肤衰老的表现。皱纹的产生是不可避免的，虽然我们不能阻止它的产生，但是可以延缓它的到来。除日常护肤外，多喝富含胡萝卜素、维生素C、维生素E等抗氧化物质的蔬果汁可起到一定的紧肤除皱效果。

饮食要点

常吃富含胶原蛋白的食物。胶原蛋白是皮肤的主要成分，能使皮肤保持较好的弹性与润泽度，能减少皱纹的产生，如猪蹄、海参、银耳等即富含胶原蛋白。多吃新鲜蔬果，新鲜蔬果富含的维生素C能消除体内自由基，起到保护皮肤的作用，可以把产生明显皱纹的危险因素降低36%。适量饮水。少吃辛辣食物。

🍴 宜吃食物

银耳
能润肤，可减少或消除皱纹，使眼部肌肤更紧致。

松子仁
富含维生素E，可增强皮肤弹性，减少皱纹。

樱桃
富含铁和维生素C，可使皮肤嫩白红润，去皱清斑。

牛奶
富含乳脂肪，可保湿，防止肌肤干燥，修补干纹。

蜂蜜
可增强皮肤弹性，减少皮肤皱纹。

茶叶
富含茶多酚，可推迟面部皱纹出现和淡化皱纹。

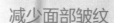

减少面部皱纹

胡萝卜桃子牛奶汁

材料：

纯牛奶 ......300 毫升

胡萝卜 ...... 半根

桃 ......1 个

做法：

1. 胡萝卜去蒂，洗净，
   切小丁；桃洗净，去
   核，切小丁。

2. 将切好的胡萝卜和桃
   一同放入榨汁机中，
   加入牛奶，搅打成口
   感细滑状即可。

也能这样搭

牛奶 + 西蓝花

二者搭配能改善皮肤细胞活
性，有增强皮肤张力、消除
细小皱纹的功效。

减淡细纹

松子仁腰果奶汁

材料:

松子仁 ......15 克
腰果 ......10 克
纯牛奶 ......300 毫升

做法:

松子仁、腰果装进保鲜袋中，用擀面杖擀碎，放入榨汁机中，加入牛奶，搅打成口感细滑状即可。

也能这样搭

松子仁 + 核桃

二者搭配能改善肌肤松弛，有助于使皮肤皱纹舒展、光滑润泽。

增强皮肤弹性

柠檬红茶汁

材料：

红茶 ......6 克
柠檬 ......1/4 个
蜂蜜 ...... 少许

做法：

1. 红茶倒入杯中，倒入开水
   焖泡一会儿，凉凉；柠檬
   洗净，去皮、籽，切小块。

2. 将切好的柠檬放入榨汁机
   中，加入蜂蜜和 350 毫升
   红茶水，搅打成口感细滑
   状即可。

也能这样搭

红茶 + 杏仁

二者搭配具有淡斑美白、润
肤除皱等美容养颜功效，还
有助于软化皮肤角质。

乌发养发

靓人先靓发，头发呵护不好也会提前衰老，影响容颜的美丽。想乌发养发，除了日常的洗护之外，常喝些能为头发补充营养的蔬果汁，能从根源处滋养头发，让秀发的美丽更持久。

饮食要点

适量补充蛋白质。蛋白质是拥有一头秀发的基础，牛奶、鱼类、蛋类、肉类等含有丰富的蛋白质。吃些含胶原蛋白的食物，胶原蛋白能增加头发的韧性，使头发更浓密、柔顺亮泽，海带、银耳、鱼汤、猪蹄等含有较多的胶原蛋白。少吃甜食，易生头皮屑。多吃粗粮，可以使头发健康、强韧，呈现自然的光泽。

🥘 宜吃食物

 花生

含有丰富的脂肪酸，能乌发、润发。

 核桃

能"黑须发"，对肝肾阴虚引起的脱发疗效显著。

 黑芝麻

富含维生素 E，能润发，防止头发干燥、发脆。

 黑豆

生发护发，对产后脱发、病期脱发均有较好疗效。

 菠菜

富含的铁、β 胡萝卜素等营养素有益发囊健康，能润发养发。

 桑椹

可改善头皮的血液供应，能护发养发。

生发、乌发

花生芝麻豆浆汁

材料：

花生仁 ......20 克（带红衣）

黑芝麻 ......10 克

熟豆浆 ......350 毫升

做法：

花生仁、黑芝麻分别炒熟，凉凉，擀碎，一同放入榨汁机中，加入豆浆，搅打成口感细滑状即可。

也能这样搭

花生 + 绿茶

二者搭配有利于头皮的新陈代谢，可减轻内分泌性脱发的程度。

预防脱发、白发

黑芝麻杏仁牛奶汁

材料：

黑芝麻 ......20 克
大杏仁 ......10 克
牛奶 ......350 毫升

做法：

1. 黑芝麻炒熟，凉凉，擀碎；大杏仁烤熟，凉凉，擀碎。
2. 将擀碎的黑芝麻和大杏仁一同放入榨汁机中，加入牛奶，搅打成口感细滑状即可。

也能这样搭

黑芝麻 + 山药

二者搭配具有乌发护发的功效，能防止头发早白与脱发。

减少头发干枯、毛燥

菠菜柠檬汁

材料：

菠菜 ......100 克
柠檬 ......1/4 个
蜂蜜 ...... 少许
凉开水 ......400 毫升

做法：

1. 菠菜择洗干净，焯水，过凉，攥去水分，切小段；柠檬洗净，去皮、籽，切小块。
2. 将切好的菠菜和柠檬一同放入榨汁机中，加入凉开水和蜂蜜，搅打成口感细滑状即可。

也能这样搭

菠菜＋葡萄

中医认为，头发与人的肾气和肝血关系密切，菠菜能养肝，葡萄可益肝肾，搭配做成蔬果汁，能养肝肾、润发。

控油祛痘

人们常说的"青春痘"就是粉刺、痤疮，是常见的皮肤科病症。"痘痘"是一种十分顽固的肌肤问题，要想有效解决它，除了外在的保养外，还要从内调理。通过饮用蔬果汁来祛痘是个不错的方法。

饮食要点

饮食应清淡，少吃甜食，少吃辛辣或太过油腻的食物。不饮酒，酒精会刺激痤疮加重或者反复发作。不宜吃补品，补品多为热性之品，食用后会使人内热加重，更易诱发新痤疮的出现。可适量多吃些清凉去热、生津润燥的食物，如银耳、苦瓜、芹菜、绿豆、莲藕、梨等。

🍲 宜吃食物

 红小豆

能利水排毒，有助于消除青春痘或痤疮。

 绿豆

可清热解毒，能祛痘消炎。

 牛油果

有助于平衡油脂分泌，减轻毛孔阻塞，预防粉刺。

 胡萝卜

富含的维生素 A 原可调节皮肤汗腺，消除粉刺。

 南瓜籽

富含的锌对预防和缓解痤疮很有效。

 黄瓜

低脂肪，属低升糖指数食物，能清热，有利于祛痘。

胡萝卜红杏汁

材料:

胡萝卜 ......1 根

红杏 ......150 克

凉开水 ......300 毫升

做法:

1. 胡萝卜去蒂,洗净,切小丁;红杏洗净,去核,切小丁。
2. 将切好的胡萝卜和红杏一同放入榨汁机中,加入凉开水,搅打成口感细滑状即可。

也能这样搭

胡萝卜 + 蓝莓

二者搭配具有较强的抗氧化作用,能祛痘印、淡化色斑,使面色红润,皮肤白嫩光滑。

改善痘痘肌
牛油果番茄汁

材料：

牛油果 ......1/2 个

番茄 ......1 个

凉开水 ......250 毫升

做法：

1. 牛油果洗净，去皮、核，切小丁；番茄洗净，去蒂，切小块。
2. 将切好的牛油果和番茄一同放入榨汁机中，加入凉开水，搅打成口感细滑状即可。

也能这样搭

牛油果 + 冬瓜

二者搭配能清热解毒、凉血美肤，可调理痤疮反复发作。

黄瓜圆白菜柠檬汁

材料:

黄瓜 ......1 根

圆白菜 ......50 克

柠檬 ...... 少许

凉开水 ......350 毫升

做法:

1. 黄瓜去蒂，洗净，切小丁；圆白菜择洗干净，切丝；柠檬去皮、籽，切小块。

2. 将切好的黄瓜、圆白菜和柠檬一同放入榨汁机中，加入凉开水，搅打成口感细滑状即可。

也能这样搭

黄瓜＋枇杷

二者搭配能清肺散热，对因肺热所引起的痤疮有相当不错的食疗作用。

防衰抗老

蔬果汁是最廉价的防衰抗老佳品。蔬果汁含有很多天然营养素，可增强免疫力、减少疾病、延缓衰老。常喝些自制的蔬果汁可起到防衰抗老的功效，有助于从内美到外。

饮食要点

要减少能量的摄入，每餐少吃几口，七分饱是一种控制能量的好方法。增加优质蛋白质的摄入，优质蛋白质的良好食物来源包括蛋类、鱼肉、鸡肉、牛肉等，素食主义者可以考虑大豆等植物蛋白，每天保证 300~500 毫升牛奶。饮食避免高盐、高油、高糖食物的摄取，对于预防衰老具有重要意义。

 宜吃食物

 花生
富含赖氨酸，可预防过早衰老，被誉为"长生果"。

 黄豆
含有的异黄酮能平衡女性雌激素水平，延缓女性衰老。

 山药
含有的皂苷、山药碱等成分，能抗衰老、延年益寿。

玉米
含有能对抗衰老的维生素 E，有延缓衰老的作用。

猕猴桃
维生素 C 含量丰富，能对抗皮肤衰老。

 洋葱
能清除体内的不洁废物，延缓细胞的衰老进程，使人延年益寿。

豆浆蓝莓汁

材料：

熟黄豆浆 ......350 毫升

鲜蓝莓 ......50 克

做法：

蓝莓洗净，放入榨汁机中，加入黄豆浆，搅打成口感细滑状即可。

也能这样搭

豆浆 + 胡萝卜

二者搭配可延缓衰老，又可保护肌肤，让身体充满活力。

延缓皮肤衰老

西蓝花黄瓜汁

材料:

西蓝花 ......100 克

黄瓜 ...... 半根

蜂蜜 ...... 少许

凉开水 ......350 毫升

做法:

1. 西蓝花择洗干净,掰成小朵;黄瓜去蒂,洗净,切小丁。

2. 将切好的西蓝花和黄瓜一同放入榨汁机中,加入凉开水和蜂蜜,搅打成口感细滑状即可。

也能这样搭

西蓝花 + 牛奶

二者搭配含有丰富的钙,
有助于延缓骨骼的衰老。

猕猴桃蓝莓汁

材料:

猕猴桃 ......2 个

蓝莓 ......50 克

凉开水 ......300 毫升

做法:

1. 猕猴桃洗净，去皮，切小块；蓝莓洗净。

2. 将蓝莓和切好的猕猴桃一同放入榨汁机中，加入凉开水，搅打成口感细滑状即可。

> 也能这样搭

猕猴桃 + 石榴

含有与抗衰有关的前体化合物，可通过肠道微生物转化为具有抗衰老活性的尿石素 A。

PART 3

喝走病痛

——无病一身轻

　　日常生活中，天气变化、抵抗力下降或者饮食不均衡，都有可能引起一些病痛。此外，现代人大鱼大肉摄入量增多，每日蔬菜、水果的摄入量不足，长此以往，容易引发常见病、慢性病。富含膳食纤维、维生素及矿物质的蔬菜、水果，有助于预防各类小病小痛。本章针对各种常见病，提供多种好喝的蔬果汁，让你在每天享用蔬果汁美味的同时，轻松赶走病痛。

高血压

　　高血压是持续血压过高的一种疾病，会引起心脏病、中风、肾衰竭等疾病，已成为威胁人类生命的潜在"杀手"。高血压患者要注意饮食调节，通过饮食来控制血压是生活中必不能少的环节。

饮食要点

　　患有高血压的人饮食要低脂、高钾，还要严格控制盐的摄入量，限制含糖高的食物，适量多吃些含钙的食物，避免摄入过多的脂肪和胆固醇。

🍲 宜吃食物

 芹菜
缓解高血压引起的头痛、头胀。

 橙子
富含钾和抗氧化物质维生素C，有助降血压。

 香蕉
富含镁和钾，可维持血压稳定。

 猕猴桃
富含的抗氧化剂叶黄素具有降血压功效。

 荸荠
含有降低血压的有效成分：荸荠英。

 白萝卜
萝卜皮里的黄酮类物质能降压。

安神降压
香蕉黄瓜汁

材料:

香蕉 ......2 根

黄瓜 ......1 根

凉开水 ......100 毫升

做法:

1. 香蕉去皮,切成小丁;黄瓜洗净,去蒂,切成小丁。
2. 将切好的香蕉和黄瓜一同放入榨汁机中,加入凉开水,搅打成汁即可。

也能这样搭

香蕉 + 薄荷

二者搭配榨汁饮用,有清肝、明目、降压的作用。

降低和平稳血压
芹菜菠萝汁

材料:

芹菜 ......1 根

菠萝 ......1/2 个

凉开水 ......100 毫升

也能这样搭

芹菜 + 苹果

二者的热量都不高, 搭配在一起榨汁饮用, 不但能增强食欲, 还有助于平稳血压。

做法:

1. 芹菜去根, 洗净, 留叶切成小段; 菠萝去皮, 切成小丁。

2. 将切好的芹菜和菠萝放入榨汁机中, 倒入凉开水, 搅打成汁即可。

利尿降压、保护血管
番茄白萝卜汁

材料:

番茄 ......1 个

白萝卜 ......50 克

苹果 ......1/4 个

纯净水 ......50 毫升

也能这样搭

番茄 + 樱桃

二者都含有丰富的钾和维生素 C, 钾能促进钠的排出, 从而有降压、利尿、消肿的作用。

做法:

1. 番茄去蒂, 洗净, 切成小块; 白萝卜去蒂, 洗净, 切成小丁; 苹果洗净, 去蒂, 除籽, 切成小丁。

2. 将上述所有材料和纯净水一起放入榨汁机中搅打成汁即可。

糖尿病

糖尿病临床以高血糖为主要特征。饮食治疗对患有糖尿病的人来说是很重要的，任何一位糖尿病患者都需要进行饮食治疗。可以说，没有饮食治疗就没有糖尿病的满意控制，长期坚持饮食调养，能预防和延缓糖尿病并发症的发生和发展。

饮食要点

患有糖尿病的人应管住嘴，每天要严格控制总热量的摄入，坚持少吃多餐，定时、定量、定餐，而且要粗细粮搭配着吃，什么都可以吃一点，但什么都不过量。

 宜吃食物

 苦瓜

修复受损的胰岛细胞，预防和改善糖尿病并发症。

 黄瓜

对血糖影响较小，有助于预防糖尿病并发高脂血症。

 木瓜

提高人体对糖类的利用率。

 芦笋

有效调节血液中脂肪和糖分的浓度。

菠萝

富含果胶，能调节胰岛素分泌，有效控制血糖上升。

 苹果

苹果果酸可以稳定血糖，预防老年性糖尿病。

消渴降糖
苦瓜柳橙汁

材料:

苦瓜 ...... 半根

柳橙 ......1 个

凉开水 ......150 毫升

做法:

1. 苦瓜洗净,去蒂,除籽,切成小丁;柳橙洗净,去皮,切成小丁。

2. 将切好的苦瓜和柳橙一同放入榨汁机中,加入凉开水,搅打成汁即可。

也能这样搭

苦瓜 + 芹菜

苦瓜和芹菜都富含维生素 C,二者一起榨汁饮用,低糖、低热量,是糖尿病患者的理想饮品。

降糖，软化血管

莲藕木瓜李子汁

材料:

莲藕 ......100 克

木瓜 ......1 个

李子 ......4 个

凉开水 ......200 毫升

做法:

1. 莲藕去皮，洗净，切成小丁；木瓜去蒂，除籽，洗净，切成小丁；李子洗净，除核，切成小丁。

2. 将切好的莲藕、木瓜、李子一同放入榨汁机中，加入凉开水，搅打成汁即可。

也能这样搭

木瓜 + 胡萝卜

不仅有助于降低血糖，而且对糖尿病并发高血压、神经组织损伤、视网膜损伤等也有较好的预防效果。

增加饱腹感，减少热量摄入

菠萝番茄胡萝卜汁

材料：

菠萝 ......1/2 个

番茄 ......1 个

胡萝卜 ...... 半根

凉开水 ......150 毫升

做法：

1. 菠萝去皮，洗净，切成小丁；
番茄洗净，去蒂，切成小丁；
胡萝卜去蒂，洗净，切成小丁。

2. 将切好的菠萝、番茄和胡萝
卜一同放入榨汁机中，加入凉
开水，搅打成汁即可。

也能这样搭

菠萝＋生姜

能减轻肾小球高滤过和肾脏
肥大，降低尿蛋白，改善肾
功能，预防糖尿病肾病。

高脂血症

高脂血症是血浆中一种或多种脂质高于正常值的疾病。高脂血症可引发动脉粥样硬化、心肌梗死、心绞痛和脑动脉硬化、脑血栓等疾病。患了高脂血症除了服用药物治疗外，最直接、最有效的降血脂手段就是科学饮食。

饮食要点

饮食应低脂肪、少胆固醇，多吃新鲜蔬果，主食粗细搭配，少饮酒，适量多饮水，烹调方式宜少油。

🍴 宜吃食物

 洋葱

可降低人体外周血管的阻力，有降血脂、预防血栓形成的作用。

 山楂

有降低胆固醇，预防动脉粥样硬化的作用。

 芹菜

富含膳食纤维，有很好的通便作用，能帮助排出肠道中多余的脂肪。

 生姜

具有较好的降血脂和抗动脉粥样硬化作用。

 番茄

含有的番茄红素可降低血液中低密度脂蛋白的水平。

 黄瓜

能减少胆固醇的吸收，抑制体内的糖类转变成脂肪。

有助于溶解血栓

洋葱果菜汁

材料：

洋葱 …… 半个

苹果 ……1个

芹菜 ……100 克

凉开水 ……150 毫升

做法：

1. 洋葱撕去外皮，去蒂，切小丁；苹果洗净，去蒂，除核，切成小丁；芹菜去根，洗净，留叶切短段。

2. 将切好的洋葱、苹果和芹菜一同放入榨汁机中，加入凉开水，搅打成汁即可。

洋葱 + 大白菜

二者搭配所富含的膳食纤维，可减少对食物中脂肪的吸收，从而达到降血脂的作用。

降低血清总胆固醇

芹菜葡萄汁

也能这样搭

材料:

芹菜 ......150 克
鲜葡萄粒 ......100 克
凉开水 ......100 毫升

芹菜 + 草莓

芹菜中的膳食纤维能与草莓中的维生素 C 等营养物质结合生成新的化合物，可增强降血脂的功效。

做法:

1. 芹菜去根，洗净，留叶切短段；鲜葡萄粒洗净，一切两半。
2. 将切好的芹菜和葡萄一同放入榨汁机中，加入凉开水，搅打成汁即可。

抑制胆固醇生成

雪梨生姜汁

材料：

雪梨 ......1 个
生姜 ......1 块（约 100 克）
凉开水 ......50 毫升

做法：

1. 雪梨洗净，去蒂，除核，切成小丁；生姜洗净，切成小丁。
2. 将切好的雪梨和生姜一同放入榨汁机中，加入凉开水，搅打成汁即可。

也能这样搭

生姜 + 醋

二者搭配能促进胆固醇、中性脂肪、血黏稠度的下降，对高血脂的调养有益。

贫 血

当血液里的血红蛋白（又称血色素）含量男性低于120克/升，女性低于110克/升时，即为贫血。临床表现为面色苍白，伴有头昏、乏力等症状，严重时会导致食欲不振、腹泻腹痛、肢端发凉等。

饮食要点

补充富含铁、维生素 B₁₂、维生素 B₂、维生素 C 及叶酸的食物；少吃含植酸多的食物以免影响铁的吸收；应将富含蛋白质（如乳、蛋、肉等）及维生素 C 较多的食物合理地分配于三餐。巨幼细胞性贫血者要补充富含叶酸和维生素 C 的食物。

🍱 宜吃食物

 桂圆
含铁量丰富，能缓解面色苍白、身体虚弱等症状。

 菠菜
富含的叶酸是制造红细胞的主要原料，对巨幼细胞性贫血有益。

 樱桃
含铁量高，可补铁，适合缺铁性贫血者食用。

葡萄干
含铁丰富，有助于改善面色苍白、手脚冰凉等贫血症状。

 猕猴桃
富含的维生素C能促进铁的吸收，对补血有益。

 西蓝花
富含铁和叶酸，对预防和调理贫血效果较好。

益气养血

桂圆鲜枣汁

材料:

鲜桂圆 ......150 克

鲜枣 ......100 克

凉开水 ......200 毫升

做法:

1. 鲜桂圆去皮、核，取肉切成小丁；鲜枣洗净，去核，切成小丁。

2. 将切好的桂圆肉和鲜枣一同放入榨汁机中，加入凉开水，搅打成汁即可。

也能这样搭

桂圆 + 草莓

草莓富含的维生素 C，能促进桂圆中铁的吸收，可用于纠正缺铁性贫血。

促进血红蛋白再生

樱桃番茄汁

材料:

大樱桃 ......200 克

番茄 ......1 个

做法:

1. 大樱桃洗净,去蒂、核,
   切成小丁;番茄洗净,
   去蒂,切成小丁。
2. 将切好的樱桃和番茄
   一同放入榨汁机中,
   搅打成汁即可。

也能这样搭

樱桃 + 水蜜桃

樱桃和水蜜桃含铁量都
较高,二者搭配榨汁有
利于缺铁性贫血的改善。

满足红细胞对铁的需要
芹菜橘子玉米汁

材料:

芹菜 ......1 根

橘子 ......1 个

鲜玉米粒 ......30 克

凉开水 ......150 毫升

做法:

1. 芹菜去根, 洗净, 留叶切短段; 橘子洗净, 去皮, 切成小块; 鲜玉米粒洗净, 煮熟。

2. 将煮熟的玉米粒和切好的芹菜、橘子一同放入榨汁机中, 加入凉开水, 搅打成口感细滑状即可。

也能这样搭

芹菜 + 苹果

芹菜和苹果都富含铁, 二者一同榨汁饮用, 能预防缺铁性贫血。

便 秘

便秘通常与饮食和压力有关。饮食中缺乏水分和膳食纤维，或进食量少，都容易引起便秘；工作和生活节奏快、精神紧张也是造成便秘的原因之一。另外，老年人身体弱，活动量少，也是引发便秘的原因。

饮食要点

从饮食入手调理便秘是最安全、有效的方法。便秘者平日里要适量多吃些杂粮及富含膳食纤维的蔬菜水果，多喝水，养成定时排便的习惯。

宜吃食物

 大白菜

润燥、通便，通过滋润肠壁达到通便作用。

 芦笋

富含低聚糖，有助于调整肠道环境，能预防和调理便秘。

草莓

水分和膳食纤维含量高，可促进胃肠蠕动，缓解便秘。

 苹果

富含膳食纤维，能软化大便，促进排便。

 花生

富含的镁具有轻泻、软化大便的作用，适量摄取有助通便。

 玉米

富含膳食纤维，可促进大便排出，减轻便秘。

润肠通便

大白菜哈密瓜汁

材料：

大白菜 ......150 克

哈密瓜 ......150 克

凉开水 ......100 毫升

蜂蜜 ...... 少许

做法：

1. 大白菜择洗干净，切成小丁；哈密瓜去皮，除籽，洗净，切成小丁。

2. 将切好的大白菜和哈密瓜一同放入榨汁机中，加入凉开水和蜂蜜，搅打成口感细滑状即可。

也能这样搭

大白菜 + 豌豆

富含膳食纤维，能促进胃肠蠕动，改善便秘，预防肠癌。

增加肠道益生菌数量

苹果西蓝花汁

材料:

苹果 ......1 个

西蓝花 ......150 克

凉开水 ......200 毫升

蜂蜜 ...... 少许

做法:

1. 苹果洗净，去蒂，除核，切成小丁；西蓝花择洗干净，切碎。

2. 将切好的苹果和西蓝花一同放入榨汁机中，加入凉开水和蜂蜜，搅打成口感细滑状即可。

也能这样搭

苹果 + 白梨

二者的果胶含量均较高，有助于消化，促进排泄，适合便秘者食用。

通便减肥

芹菜葡萄汁

材料：

芹菜 ......1 棵

鲜葡萄粒 ......200 克

凉开水 ......100 毫升

蜂蜜 ...... 少许

做法：

1. 芹菜去根，洗净，留叶切成小段；鲜葡萄粒洗净，对半切开。

2. 将切好的芹菜和葡萄一同放入榨汁机中，加入凉开水和蜂蜜，搅打成口感细滑状即可。

也能这样搭

芹菜 + 西柚

二者均富含膳食纤维，可有效清理肠道内的垃圾，让肠道处于一个健康的环境中，对改善便秘来说，效果显著。

咳 嗽

咳嗽是呼吸系统疾病中常见的症状之一。中医认为，咳嗽是由饮食不当，脾虚生痰，或外感风寒、风热及燥热之邪等原因造成肺气不宣、肺气上逆所致。咳嗽有干咳无痰和咳嗽有痰之分，都可能出现胸闷、呼吸困难、失眠等症。

饮食要点

咳嗽者应适当多吃些具有止咳化痰、润肺平喘等功效的食物，并且要避免生冷、辛辣、酸甜食物对呼吸道的刺激。

🍲 宜吃食物

 银耳

具有润肺化痰的功效，对肺热咳嗽有一定的辅助疗效。

 荸荠

能生津、润肺、化痰，对秋燥咳嗽有较好的疗效。

 枇杷

果肉能滋肺，对肺燥咳嗽有益；枇杷叶能祛痰、平喘。

 柿子

能润肺化痰，可改善肺热燥咳。

 莲藕

有润肺的作用，可用于咳嗽、哮喘和肺炎的辅助调养。

 梨

具有生津、润燥、清热、化痰的作用，可改善燥咳。

祛痰止咳，润养咽喉

雪梨莲藕汁

材料：

雪梨 ......1 个

莲藕 ......150 克

凉开水 ......200 毫升

蜂蜜 ...... 少许

做法：

1. 雪梨洗净，去蒂，除核，切成小丁；莲藕去皮，洗净，切成小丁。

2. 将切好的雪梨和莲藕一同放入榨汁机中，加入凉开水和蜂蜜，搅打成口感细滑状即可。

也能这样搭

雪梨 + 陈皮

能止咳化痰，痰液不易咯出者可多放些梨以养阴润肺，痰多易咯者可多加陈皮燥湿化痰。

祛痰镇咳防哮喘

莲藕豆浆汁

材料：

莲藕 ......150 克

熟豆浆 ......200 毫升

做法：

莲藕去皮，洗净，切成小丁，与豆浆一同倒入榨汁机中，搅打成口感细滑状即可。

也能这样搭

有润肺的功效，对于缓解秋冬季多发的肺燥干咳效果较好。

感冒

　　感冒，俗称"伤风"，是日常生活中常见的疾病之一，通常在季节交替时，尤其是冬春交替时发病。普通感冒又分为风寒感冒、风热感冒、暑湿感冒等。临床上以发热、鼻塞、流鼻涕、流眼泪、咳嗽、头痛、鼻怕冷、全身不适等为主要表现。

饮食要点

　　感冒时合理饮食，可以缓解不适症状。感冒者三餐宜清淡易消化、少油腻，还要保证水分的供给，多吃富含维生素的水果与蔬菜。风寒感冒者宜吃些辣椒、葱、生姜等能发汗散寒的食物；风热感冒者宜吃绿豆、白萝卜、白菜、梨等有助于散风热、清热的食物。

🍲 宜吃食物

生姜
温中散寒，能发汗解表，缓解感冒症状。

洋葱
气味辛辣，有一定的抑菌作用，可抗寒，抵御感冒。

莲藕
富含多酚类物质，可提高免疫力，预防感冒。

橙子
富含维生素C，对感冒的恢复有益。

胡萝卜
富含的维生素A原对呼吸道黏膜起保护作用，可预防感冒。

西瓜
含有抗氧化剂番茄红素，有利于免疫系统健康，减少感冒的发病率。

改善风寒感冒症状

生姜红糖汁

材料:

生姜 ......1 小块

红糖 ...... 少许

开水 ......300 毫升

做法:

1. 生姜洗净,切成小丁;红糖倒入杯中,倒入开水搅拌至溶化,凉至温热。

2. 将切好的生姜放入榨汁机中,加入红糖水,搅打成糖汁状即可。

也能这样搭

生姜 + 蜂蜜

含有多种生物活性物质,能激发人体的免疫功能,增强身体免疫力,抵抗病毒侵袭。

预防流感，缓解咽喉肿痛

苹果菠菜橙汁

材料:

橙子 ......1 个

苹果 ......1/2 个

菠菜 ......1 小把

凉开水 ......150 毫升

做法:

1. 橙子洗净，去皮，除籽，切成小丁；苹果洗净，去蒂，除籽，切成小丁；菠菜择洗干净，焯水，过凉，攥去水分，切成小段。

2. 将切好的橙子、苹果、菠菜一同放入榨汁机中，加入凉开水，搅打成口感细滑状即可。

也能这样搭

橙子 + 冬瓜

有清热解毒、抑制流感病毒的作用，适用于流行性感冒。

白萝卜生姜汁

材料:

白萝卜 ......1/2 个

生姜 ......1 小块

凉开水 ......200 毫升

蜂蜜 ...... 少许

做法:

1. 白萝卜去蒂,洗净,切成小丁; 生姜洗净,切成小丁。

2. 将切好的白萝卜和生姜一同 放入榨汁机中,加入凉开水和 蜂蜜,搅打成口感细滑状即可。

也能这样搭

白萝卜 + 甘蔗

有润肺止咳的作用,适用于
感冒,症见咽喉疼痛、发热
及鼻干等。

更年期综合征

多数女性在45～55岁开始停经，这段时间前后称为更年期。更年期综合征是由雌激素水平下降而引起的一系列症状，一般表现为失眠忧郁、心悸胸闷、出汗潮热、月经紊乱等。

饮食要点

宜吃些黄豆、绿豆、红小豆、鹰嘴豆等豆类，这些食物富含植物雌激素——异黄酮，能有效缓解潮热和盗汗；增加钙的摄入量，摄取富含钙质的食物，能使人情绪保持稳定，有助于改善更年期烦躁易怒，牛奶是最好的钙质来源。忌吃高脂肪、高胆固醇食物，因为更年期女性体内雌激素水平下降，易引起高胆固醇血症，导致动脉硬化的发生。

👨‍🍳 宜吃食物

 黄豆

富含大豆异黄酮，可预防骨质疏松，改善更年期不适症状。

 牛奶

对神经系统健康有益，能改善更年期睡眠质量较差的问题。

 核桃

富含不饱和脂肪酸及维生素E，可改善更年期面色潮红。

 梨

能生津、清热、润燥，可改善心烦口渴、便秘等不适症状。

 莲藕

可有效改善更年期女性心烦口渴等症状。

 桂圆

能有效缓解潮热、汗出等更年期不适症状。

減緩钙质流失

牛奶西蓝花苹果汁

材料:

牛奶 ......200 毫升

西蓝花 ......150 克

苹果 ......1 个

做法:

1. 西蓝花择洗干净，掰成小朵；苹果洗净，去蒂，除籽，切成小丁。

2. 将西蓝花和切好的苹果一同放入榨汁机中，加入牛奶，搅打成口感细滑状即可。

也能这样搭

牛奶 + 绿豆

能泻心火、祛内热，有助于调整更年期女性内分泌紊乱，改善上火症状。

缓解烦躁的情绪
雪梨黄瓜汁

材料

雪梨 ......1 个
黄瓜 ......1 根
凉开水 ......150 毫升

做法

雪梨洗净，去蒂，除籽，切
成小丁；黄瓜洗净，去蒂，切
成小丁。

将切好的雪梨和黄瓜一同放
入榨汁机中，加入凉开水，搅
打成口感细滑状即可。

也能这样搭

雪梨 + 西瓜

能滋阴润燥、清热降火，对更年期
女性因阴虚火旺引起的潮热盗汗、
月经不调等症状有较好的调理作用。

莲藕樱桃汁

材料:

莲藕 ......200 克

大樱桃 ......150 克

凉开水 ......200 毫升

做法:

1. 莲藕去皮，洗净，切成小丁；大樱桃洗净，去蒂和籽，切小丁。
2. 将切好的莲藕和大樱桃一同放入榨汁机中，加入凉开水，搅打成口感细滑状即可。

也能这样搭

莲藕 + 山药

能补益肾气、健脾胃，对更年期女性常见的潮热、心悸、腰酸背痛、易生气、抑郁等症状有较好的调理作用。

经期不适

经期不适主要指痛经和月经不调。痛经和月经不调多与内分泌失调有关。痛经可表现为经期头痛、经期腹胀、经期下腹冷痛、经期腰部酸痛等。月经不调可表现为经量稀少、经量多、月经先期、月经后期、经期延长等。

饮食要点

月经来潮前一周饮食宜清淡、易消化，要多喝水，保持大便通畅；月经初期，常会感到食欲不振，可多吃些红枣、米粥等开胃、易消化的食物；月经后期应吃些瘦肉、鸡蛋、牛奶等富含蛋白质、铁等营养丰富的食物。另外，平日里饮食要温热，远离辛辣食物，避免营养不良。

🥘 宜吃食物

 红枣
可改善面色苍白、手脚冰冷等经期不适症状。

 红糖
可改善经期受寒、体虚或瘀血所致的行经不利、痛经等。

 山楂
能活血化瘀，可用于闭经的调理。

 生姜
能温经散寒，适用于寒性痛经。

 莲藕
可清热、凉血、散瘀、止血，适用于血热型和血瘀型月经过多。

 香蕉
可稳定经期的不安情绪，有助于减轻痛经。

缓解心烦气躁
香蕉菠萝汁

材料：

香蕉 ......1 根

菠萝 ......1/4 个

凉开水 ......200 毫升

蜂蜜 ...... 少许

做法：

1. 香蕉去皮，取果肉切成小丁；菠萝去皮，洗净，取果肉切成小丁，用淡盐水浸泡去涩味。

2. 将切好的香蕉和菠萝一同放入榨汁机中，加入凉开水和蜂蜜，搅打成口感细滑状即可。

也能这样搭

香蕉 + 牛奶

二者搭配含钾量丰富，能缓和经期情绪、抑制痛经、预防感染。

缓解寒性痛经

姜枣橘子汁

材料：

生姜 ......1 小块（约 10 克）

红枣 ......4 枚

橘子 ......1 个

凉开水 ......200 毫升

做法：

1. 生姜洗净，切小丁；红枣洗净，去核，切小丁；橘子洗净，去皮和籽，切小块。

2. 将切好的生姜、红枣和橘子一同放入榨汁机中，加入凉开水，搅打成口感细滑状即可。

也能这样搭

生姜 + 红糖

具有暖宫的作用，能够促进经血顺利排出，可用于调理女性月经不调。

改善月经量过多
莲藕火龙果汁

材料:

莲藕 ......150 克

火龙果 ......1/2 个

凉开水 ......150 毫升

做法:

1. 莲藕去皮,洗净,切小丁; 火龙果取果肉切成小丁。

2. 将切好的莲藕和火龙果一同 放入榨汁机中,加入凉开水, 搅打成口感细滑状即可。

也能这样搭

莲藕 + 红枣

能补益脾胃、养血宁神,对 月经气血虚弱有较好的效果。

口腔溃疡

　　口腔溃疡又叫"口疮"，是发生在口腔黏膜上的浅表性溃疡，好发于唇、颊、舌缘等部位。其发病原因可能是油炸、辛辣等食物的刺激，缺乏维生素或矿物质，以及系统性疾病等。另外，口腔溃疡与精神压力也有较大的关系，其好发于生活紧张、精神压力大者。

饮食要点

　　多吃新鲜蔬菜、瓜果，特别是富含维生素C的食物，如番茄、西蓝花、橙子、猕猴桃等，可加速溃疡面的愈合。多吃容易消化的食物，如豆制品、鸡蛋等，可有效减轻进食时的疼痛感。避免刺激性食物，忌食辛辣及煎炸烘烤之品。

宜吃食物

荸荠
可清热泻火，对调理口腔溃疡效果佳。

红小豆
能去心火，对心火旺盛导致的反复发作型口腔溃疡疗效较好。

绿豆
可清热解毒，能够减轻口腔溃疡的症状。

莲藕
能清热生津、凉血止血，可促进口腔黏膜上皮和溃疡面的修复。

蜂蜜
能抗菌消炎、促进组织再生，利于口腔溃疡面的愈合。

莲子
能清心火，适用于心火上炎所致的口腔溃疡。

泻火解毒，清利湿热

莲藕葡萄汁

材料：

莲藕 ......200 克
绿葡萄粒 ......150 克
凉开水 ......100 克

做法：

1. 莲藕去皮，洗净，切成小丁；
   葡萄粒洗净，一切两半。
2. 将切好的莲藕和葡萄粒一同
   放入榨汁机中，加入凉开水，
   搅打成口感细滑状即可。

也能这样搭

莲藕 + 蜂蜜

有清热、润肺的作用，还富含 B
族维生素、维生素 C 和微量元素，
可辅助调理轻度口腔溃疡。

促进溃疡面愈合
萝卜缨蜜汁

材料：

萝卜缨 ......200 克

蜂蜜 ......1 匙（约 10 ~ 15 毫升）

凉开水 ......250 毫升

做法：

萝卜缨择洗干净，切碎，放入榨汁机中，加入凉开水和蜂蜜，搅打成口感细滑状即可。

也能这样搭

蜂蜜白菜

二者搭配榨汁饮用，有润肠通便、滋阴清热、清胃降火之功效，对调理口腔溃疡有益。

生津除烦，免除口疮烦扰

莲子木瓜汁

材料：

莲子 ......20 克

木瓜 ......200 克

凉开水 ......150 毫升

做法：

1. 莲子用清水浸泡 3~4 小时，煮熟；木瓜去皮，除籽，洗净，切成小丁。

2. 将切好的木瓜和煮熟的莲子一同放入榨汁机中，加入凉开水，搅打成口感细滑状即可。

也能这样搭

莲子 + 银耳

对虚热型口腔溃疡尤为适宜，经常食用对体质虚弱者有滋补作用。

脂肪肝

脂肪肝是指肝细胞内脂肪堆积。肝细胞里含有的脂肪在 5% 以下，视为正常；如果含量在 30% 以上，称为肝的脂肪变性，也就是脂肪肝。脂肪肝不都是肥胖惹的祸，长期酗酒、糖尿病、慢性肝炎、甲状腺功能亢进、营养不良、肠道菌群紊乱也会引发脂肪肝。

饮食要点

控制能量、脂肪和胆固醇的摄入；每天每公斤体重给予 1.0~1.5 克蛋白质，有利于促进肝细胞的修复和再生，首选瘦肉、鱼、鸡蛋等富含优质蛋白质的食物；减少碳水化合物和甜食的摄入，如白砂糖、果酱、蜂蜜等；多吃新鲜蔬菜、水果和藻类。

🍴 宜吃食物

 玉米

有较好的降血脂作用，可使脂肪肝患者的甘油三酯水平降低。

 柠檬

含有能预防脂肪肝的成分，可以遏制肝细胞中的脂肪蓄积。

 山楂

含有的解脂酶可促进脂质代谢，能降胆固醇、调脂。

 芹菜

有降低胆固醇的作用，可用于脂肪肝的辅助调养。

 黄豆

富含豆固醇，可降低胆固醇含量，有助于脂肪肝的康复。

 紫洋葱

含有的硫醇、硫化丙烯等成分能促进脂肪代谢，预防脂肪肝。

抑制胆固醇吸收

奶香玉米汁

材料:

嫩玉米粒 ......30 克

低脂纯牛奶 ......300 毫升

哈密瓜 ......100 克

做法:

1. 嫩玉米粒洗净，煮熟；哈密瓜去皮和籽，洗净，切成小丁。

2. 将熟玉米粒和切好的哈密瓜一同放入榨汁机中，加入牛奶，搅打成口感细滑状即可。

也能这样搭

玉米＋燕麦

富含膳食纤维，可以减少肠道对食物中一些胆固醇的吸收利用，能起到降脂、防治脂肪肝的作用。

降低胆固醇
橙子洋葱汁

材料：

洋葱 ......1/4 个

橙子 ......1 个

凉开水 ......150 毫升

做法：

1. 洋葱撕去外皮，去蒂，洗净，切成小丁；橙子洗净，去皮和籽，切小块。

2. 将切好的洋葱和橙子一同放入榨汁机中，加入凉开水，搅打成口感细滑状即可。

也能这样搭

洋葱 + 香菇

有祛瘀化痰、开胃消食等功效，适用于痰瘀交阻型脂肪肝。

逆转中度脂肪肝

豆浆蓝莓汁

材料:

熟豆浆 ......350 毫升
鲜蓝莓 ......50 克

做法:

蓝莓洗净,放入榨汁机中,倒入豆浆,搅打成口感细滑状即可。

也能这样搭

豆浆 + 小麦胚芽

有健脾和血、通脉降脂等功效,适用于各型脂肪肝。

湿疹

　　湿疹也叫湿疹性皮炎，是由多种内因素加上外因素混合引起的一种真皮浅层及表皮炎症性皮肤病，属于过敏性皮肤病。皮肤损伤为多形性，以丘疹、红斑、丘疱疹为主，皮疹中央明显，逐渐向周围散开，有渗出倾向。病程不规则，反复发作，瘙痒剧烈。

饮食要点

　　多选用绿豆、冬瓜、黄瓜等清热利湿的食物。多吃番茄、油菜、草莓、猕猴桃等富含维生素和矿物质的食物，能减轻皮肤的过敏反应。饮食应以清淡为主，少加盐和糖，以免造成体内水和钠过多的积存，加重皮疹的渗出及痛和痒感，导致皮肤发生破溃。

宜吃食物

薏苡仁
能渗湿、健脾，对脾虚湿盛引起的湿疹效果很好。

黑豆
能用于一切湿毒水肿，可用于湿疹的预防和调养。

绿豆
可以减少体内的湿气，有助于缓解湿疹。

草莓
富含维生素，能增强皮肤的抵抗力、修复力，可防治慢性湿疹。

冬瓜
能利水、祛湿，对急慢性湿疹有益。

黄瓜
能除湿、利尿，可促进湿疹的康复。

促进体内湿气排出

冬瓜苹果汁

材料：

冬瓜 ......150 克

苹果 ......1/2 个

凉开水 ......100 毫升

做法：

1. 冬瓜去籽，洗净，带皮切成小丁；苹果洗净，去蒂和籽，切小丁。

2. 将切好的冬瓜和苹果一同放入榨汁机中，加入凉开水，搅打成口感细滑状即可。

也能这样搭

冬瓜 + 绿豆

可清热祛湿，对湿热型湿疹有较好的疗效。

清热解毒、利湿止痒

苦瓜芹菜汁

材料：

苦瓜 ......150 克

芹菜 ......100 克

橙子 ......1/2 个

凉开水 ......200 毫升

做法：

1. 苦瓜洗净，去蒂和籽，切小块；芹菜去根，洗净，留叶切小段；橙子洗净，去皮和籽，切小块。

2. 将切好的苦瓜、芹菜和橙子一同放入榨汁机中，加入凉开水，搅打成口感细滑状即可。

> 也能这样搭

苦瓜 + 金针菇

二者搭配可以抑制湿疹等过敏性病症。

止痒收敛

黑豆玉米汁

材料:

嫩玉米 ......30 克

黑豆豆浆（熟）......350 毫升

做法:

嫩玉米粒洗净，煮熟，放入榨汁机中，加入黑豆豆浆，搅打成口感细滑状即可。

也能这样搭

黑豆 + 粳米

具有健脾祛湿、抗过敏的作用，对脾虚湿盛型湿疹疗效较好，也适合皮肤渗出液较多、瘙痒不剧烈者食用。

胃溃疡

胃溃疡是指发生于贲门与幽门之间的炎性坏死性病变。机体的应激状态、物理和化学因素的刺激、某些病原菌的感染都可引发胃溃疡。胃溃疡可发生于任何年龄，以45~55岁多见，在性别上，男性和女性发病率基本相同。

饮食要点

不要吃辛辣油腻的食物、过于酸甜的食物、生冷食物；饮食要规律，不要饥一顿饱一顿，进食要细嚼慢咽，忌狼吞虎咽；饮食要注重营养均衡，可以荤素搭配，以防止出现营养不良、贫血等并发症。

🥄 宜吃食物

 南瓜

富含的果胶可保护胃壁，减少胃溃疡面扩大。

 圆白菜

富含抗溃疡因子维生素 K 和维生素 U，可促进胃溃疡的愈合。

 木瓜

含有的木瓜酵素对预防胃溃疡有一定的功效。

 秋葵

秋葵的黏液素能保护胃黏膜，促进溃疡面的修复。

 山药

具有生肌作用，有助于胃溃疡创面的修复。

 花椒

药理研究花椒水提取物对胃溃疡有明显的抑制作用。

预防和缓解胃溃疡

圆白菜猕猴桃汁

材料:

圆白菜 ......1/4 个

猕猴桃 ......1 个

凉开水 ......150 毫升

蜂蜜 ...... 少许

做法:

1. 圆白菜择洗干净,掰成小块;猕猴桃洗净,去皮,切小丁。

2. 将切好的圆白菜和猕猴桃一同放入榨汁机中,加入凉开水和蜂蜜,搅打成口感细滑状即可。

也能这样搭

圆白菜 + 土豆

二者搭配能和胃调中、健脾益气,可减少胃酸分泌,促进胃溃疡愈合。

促进受损胃黏膜再生

秋葵苹果汁

材料：

秋葵 ......150 克

苹果 ......1/2 个

蜂蜜 ...... 少许

凉开水 ......200 毫升

做法：

1. 将秋葵择洗干净，略微焯水，沥干水分，切成小块；苹果洗净，去蒂、核，切成小丁。

2. 将切好的秋葵和苹果一同放入榨汁机中，加入凉开水和蜂蜜，搅打成口感细滑状即可。

也能这样搭

秋葵 + 猴头菇

可增强胃黏膜的屏障功能，有效预防和缓解胃溃疡。

缓解胃酸对胃黏膜的刺激

木瓜香蕉汁

材料:

木瓜 ......1 个

香蕉 ......1 根

凉开水 ......250 毫升

也能这样搭

木瓜 + 百合

二者搭配能起到保护胃黏膜的
作用,可促进胃溃疡痊愈。

做法:

1. 木瓜洗净,去皮、籽,切成
   小丁;香蕉去皮,切成小丁。
2. 将切好的木瓜和香蕉一同放
   入榨汁机中,加入凉开水,搅
   打成口感细滑状即可。

咽喉肿痛

咽喉疼痛一般是由感冒引起的，也有可能是因为食用过多辛辣刺激的食物引起上火，从而导致咽喉肿痛。如不及时治疗，极易诱发扁桃体炎，出现吞咽疼痛、咳嗽、痰中带血等症状。

饮食要点

宜选择清热解毒、降火凉血、润喉通络的食物，如萝卜、丝瓜、菠菜、嫩豆腐、绿豆、绿豆芽、海蜇、藕粉、梨汁、蛋花汤等；忌烟酒及辛腥之物，如大葱、大蒜、辣椒、虾、螃蟹、黄鱼等。

🍲 宜吃食物

 白梨

能降火解毒、清热止咳，有助于消除上火引起的咽喉肿痛。

 柠檬

富含维生素 C，能抗菌、抗炎，缓解咽喉炎症。

 荸荠

能清热生津、利咽化痰，对咽喉肿痛有辅助治疗作用。

 枇杷

能清肺热，对因肺热导致的咽喉肿痛有缓解作用。

 金银花

能清热解毒、凉血利咽，可缓解咽部红肿热痛。

 蜂蜜

能抗菌消炎、散痛止痒，对治疗咽喉疼痛有良好效果。

润喉，减轻咽喉疼痛

白梨冬瓜汁

材料：

白梨 ......1 个

冬瓜 ......100 克

凉开水 ......100 毫升

蜂蜜 ...... 少许

做法：

1. 白梨洗净，去蒂、核，切成小丁；冬瓜去皮、籽，洗净，切成小丁。
2. 将切好的白梨和冬瓜一同放入榨汁机中，加入凉开水和蜂蜜，搅打成口感细滑状即可。

也能这样搭

白梨 + 甘蔗

具有很好的滋润喉咙以及消炎消肿、清热止痛的作用，可以减轻咽喉发炎及肿痛的情况。

缓解咽喉肿痛
荸荠萝卜汁

材料:

荸荠 ......200 克

白萝卜 ......100 克

凉开水 ......150 毫升

蜂蜜 ...... 少许

做法:

1. 荸荠去皮,洗净,切成小丁;白萝卜去蒂,洗净,切小丁。

2. 将切好的荸荠和白萝卜一同放入榨汁机中,加入凉开水和蜂蜜,搅打成口感细滑状即可。

也能这样搭

荸荠 + 黄瓜

具有很好的滋阴清肺热的作用,对因肺燥或者是阴虚所引起的咽喉痛疗效较好。

缓解急性咽喉炎

莲藕柠檬汁

材料：

柠檬 ......1/4 个

莲藕 ......100 克

凉开水 ......300 毫升

做法：

1. 柠檬洗净，去皮、籽，切小块；莲藕去皮，洗净，切小丁。

2. 将切好的柠檬和莲藕一同放入榨汁机中，加入凉开水，搅打成口感细滑状即可。

也能这样搭

柠檬 + 蜂蜜

柠檬和蜂蜜都有消炎、抗菌的作用，二者搭配榨汁饮用，可有效缓解咽喉疼痛不适。

PART *4*

喝出好状态
——活力满满笑容灿烂

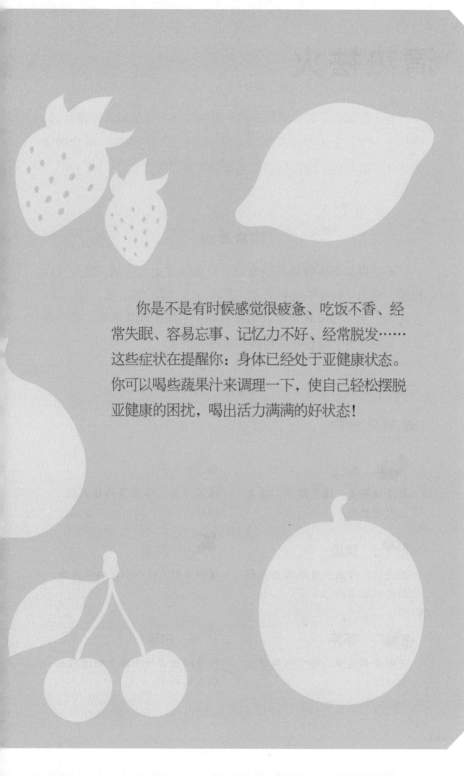

你是不是有时候感觉很疲惫、吃饭不香、经常失眠、容易忘事、记忆力不好、经常脱发……这些症状在提醒你：身体已经处于亚健康状态。你可以喝些蔬果汁来调理一下，使自己轻松摆脱亚健康的困扰，喝出活力满满的好状态！

清热祛火

当出现嘴唇干裂、嘴里起疱、咽喉肿痛、鼻塞难通等症状时，说明上火了！上火时用蔬果汁来降火是很不错的方法，不会对身体产生不良反应，可以轻轻松松帮助身体"灭火"。

饮食要点

不吃辣椒等辛辣燥热的食物，以免加重上火症状。饮食要以松软、易消化吸收的食物为主，烹调方法以蒸、炖、煮、烧为主，少吃烤、煎、炸等难消化的油腻食物。干燥的秋冬季节，要注意及时补充水分。适量吃些粗粮和新鲜的蔬菜。

🍲 宜吃食物

 绿豆

能清热解暑、降火解毒，适合上火时食用。

 苦瓜

味苦性寒，具有清热祛火的功效。

 黄瓜

能清热、降火，缓解因上火引起的口腔溃疡。

 芹菜

缓解由肝火旺而引发的偏头痛。

 荸荠

缓解痰热咳嗽、咽喉疼痛等上火症状。

 白萝卜

能清除因食物积滞于肠道内而引发的肺火。

白萝卜猕猴桃汁

材料:

白萝卜 ......100 克

猕猴桃 ......2 个

凉开水 ......300 毫升

做法:

1. 白萝卜去蒂，洗净，切小丁；猕猴桃洗净，去皮，切小块。

2. 将切好的白萝卜和猕猴桃一同放入榨汁机中，加入凉开水，搅打成口感细滑状即可。

也能这样搭

白萝卜＋莲子

二者搭配能凉血、清痰，预防冬季因吃肉过多所引发的上火；还能养心安神，收敛浮躁的心火，让人宁静且容易入睡。

清除肺火

雪梨萝卜缨汁

也能这样搭

材料:

雪梨 ......1 个

鲜萝卜缨 ......50 克

凉开水 ......250 毫升

蜂蜜 ...... 少许

雪梨 + 苦苣

二者搭配可降火生津、润燥化痰,适宜目赤肿痛、肺热痰多、喉痛失音、大便秘结者食用。

做法:

1. 雪梨洗净,去蒂、核,切小丁;萝卜缨洗净,沥干水分,切小段。

2. 将切好的雪梨和萝卜缨一同放入榨汁机中,加入凉开水和蜂蜜,搅打成口感细滑状即可。

消炎清热

苦瓜生菜葡萄汁

也能这样搭

材料:

苦瓜 ......100 克

生菜 ......50 克

葡萄粒 ......50 克

凉开水 ......350 毫升

苦瓜 + 西瓜

二者搭配能清热解毒、除烦止渴、利尿,适合夏季消暑,预防上火。

做法:

1. 苦瓜洗净,去蒂、籽,切小丁;生菜洗净,切丝;葡萄粒洗净,对半切开。

2. 将切好的苦瓜、生菜和葡萄粒一同放入榨汁机中,加入凉开水,搅打成口感细滑状即可。

增强免疫力

用新鲜蔬果榨制而成的蔬果汁富含维生素 C，维生素 C 能促进抗体形成和干扰素的产生，增强白细胞的吞噬作用，提高机体的免疫功能和应激能力，明显降低感染性疾病的发病率。

饮食要点

自身免疫力的强弱与膳食营养密切相关，均衡饮食是其强大的根本。只有均衡饮食，获取充足而全面的营养，免疫功能才能达到最佳状态。三餐荤素搭配合理、营养摄入全面，不偏食、挑食，少吃零食。

 宜吃食物

 橙子
富含维生素 C，有助于保护人体免疫系统。

 牛奶
富含优质蛋白和钙，可维护免疫功能的正常运转。

蓝莓
富含的抗氧化物质能激活巨噬细胞，平衡人体免疫力。

 番茄
含有的番茄红素可活化免疫细胞，增强机体免疫力。

 菜花
所含的多种维生素可提高人体细胞的免疫功能。

 胡萝卜
含有的胡萝卜素对免疫器官和免疫细胞有保护作用。

防御病毒病菌侵袭

胡萝卜柳橙汁

材料:

胡萝卜 ......1/2 根

柳橙 ......1 个

凉开水 ......300 毫升

做法:

1. 胡萝卜去蒂，洗净，切小丁；
   柳橙洗净，去皮、籽，切小块。
2. 将切好的胡萝卜和柳橙一同
   放入榨汁机中，加入凉开水，
   搅打成口感细滑状即可。

也能这样搭

胡萝卜 + 南瓜

二者均富含胡萝卜素，搭配同
食可提高免疫力。

强化免疫系统功能

蓝莓草莓樱桃汁

材料：

蓝莓 ......80 克

草莓 ......50 克

大樱桃 ......50 克

凉开水 ......300 毫升

做法：

1. 蓝莓洗净；草莓洗净，去蒂，对半切开；大樱桃洗净，去蒂、核。

2. 将处理好的蓝莓、草莓、大樱桃一同放入榨汁机中，加入凉开水，搅打成口感细滑状即可。

也能这样搭

蓝莓＋山药

二者搭配可促使机体 T 淋巴细胞增殖，增强免疫功能，延缓细胞衰老。

紫薯牛奶汁

材料：

纯牛奶 ......350 毫升

紫薯 ......50 克

菠萝肉 ......50 克

做法：

1. 紫薯洗净，蒸熟，去皮，切小丁；菠萝肉用淡盐水浸泡去涩味，切小丁。

2. 将处理好的紫薯和菠萝肉一同放入榨汁机中，加入纯牛奶，搅打成口感细滑状即可。

也能这样搭

牛奶 + 黄豆

二者搭配具有抗氧化的作用，能清除人体内自由基，还能抑制肿瘤细胞的生长，可使人体的免疫功能更强。

除疲劳

疲劳乏力是一种自我感觉，也是亚健康的主要标志和典型的表现。经常喝些蔬果汁对缓解疲劳有一定的作用。因为蔬果汁中富含缓解疲劳所必需的 B 族维生素、维生素 C、钙等营养素。并且蔬果汁制作方法方便快捷，所含的营养物质也容易被吸收。

饮食要点

均衡饮食，不挑食，有助于摄入全面而均衡的营养，避免因营养不良引起身体虚弱，从而容易疲劳乏力。一定要吃早餐，不吃早餐身体就会挪用肌肉储存的能量，时间长了会使新陈代谢变慢，使身体感觉疲劳。不要拒绝肉类，肉类补铁效果好，能预防和纠正贫血引起的疲乏困倦感。

宜吃食物

 蜂蜜

可迅速补充体力，消除疲劳。

 大蒜

能促进血液循环，缓解肌肉酸痛，有助于消除疲劳。

 苦瓜

富含的维生素 C 能减轻心理压力，起到抗疲劳的作用。

 花生

富含蛋白质、B 族维生素，可缓解疲劳、恢复体力。

 枸杞子

能增强身体活力，有助于消除疲劳，提供工作效率。

 橙子

含有独特的芳香物质，有镇静作用，能消除疲劳。

补充体力、对抗疲劳

苦瓜蜂蜜姜汁

材料：

苦瓜 ......100 克

姜 ......5 克

凉开水 ......350 毫升

蜂蜜 ...... 少许

做法：

1. 苦瓜洗净，去蒂、籽，切小块；姜洗净，切碎。

2. 将切好的苦瓜和姜一同放入榨汁机中，加入凉开水和蜂蜜，搅打成口感细滑状即可。

也能这样搭

苦瓜 + 番茄

二者搭配能补血养血、增进食欲、生津止渴、清热解毒，对增强体力、消除疲劳有益。

腰果花生牛奶汁

材料：

花生米 ......15 克

腰果 ......10 克

纯牛奶 ......400 毫升

做法：

1. 花生米炒熟，凉凉，擀碎；腰果烤熟，凉凉，擀碎。
2. 将花生碎和腰果碎一同放入榨汁机中，加入牛奶，搅打成口感细滑状即可。

也能这样搭

花生＋黄豆

二者富含维生素 B_1，有补充体力、消除疲劳的效果，适合易疲倦的人食用。同时其含有的卵磷脂、胆碱等，能消除大脑疲劳。

解乏、抗疲倦
枸杞胡萝卜汁

材料:

干枸杞子 ......15 克

胡萝卜 ......50 克

菠萝肉 ......50 克

凉开水 ......400 毫升

做法:

1. 干枸杞子洗净,用清水泡软;胡萝卜去蒂,洗净,切小块;菠萝肉用淡盐水浸泡去涩味,切小块。

2. 将处理好的枸杞子、胡萝卜、菠萝一同放入榨汁机中,加入凉开水,搅打成口感细滑状即可。

也能这样搭

枸杞子＋山药

二者搭配能补血强身、健脾益气,适用于营养不良性贫血、血小板减少症等引起的疲劳。

除压力

日常生活中避免不了压力，但可以降低压力对健康的危害。除了心理调节，饮食也至关重要，因为长期的压力会导致身体能量的大量消耗，营养素需求量也会大大增加。常喝些蔬果汁可减压，喝出神清气爽！

饮食要点

多吃富含B族维生素、维生素C、膳食纤维、钙、镁、钾的食物：谷类富含B族维生素，新鲜蔬果富含维生素C和膳食纤维，牛奶是最好的钙质来源，绿叶蔬菜、粗粮和坚果富含镁，香蕉、土豆、蘑菇等含钾量丰富。

宜吃食物

 芦笋
富含的叶酸能稳定精神与情绪，对抗压力。

 蓝莓
富含花青素、维生素C等抗氧化物质，能帮助人体对抗压力。

 黄豆
富含可合成人体抗压物质肾上腺素需要的蛋白质。

 菠菜
富含的镁有平复情绪的作用，能降低压力。

 牛奶
富含的钙能够减少肌肉痉挛，舒缓压力。

 薄荷
含有挥发油等物质，有助于平心静气、缓解压力。

提升积极情绪
蓝莓香蕉汁

材料:

蓝莓 ......100 克

香蕉 ......1 根

凉开水 ......350 毫升

做法:

1. 蓝莓洗净;香蕉去皮,切小块。
2. 将蓝莓和香蕉一同放入榨汁机中,加入凉开水,搅打成口感细滑状即可。

也能这样搭

- -

蓝莓 + 猕猴桃

富含维生素 C,二者搭配能提高身体的抗压能力。

菠菜牛油果汁

材料：

菠菜 ......1 小把
牛油果 1/2
凉开水 ......350 毫升
蜂蜜 ...... 少许

做法：

1. 菠菜择洗干净，焯水，过凉，切小段；牛油果洗净，去皮、核，切小丁。
2. 将切好的菠菜和牛油果一同放入榨汁机中，加入凉开水和蜂蜜，搅打成口感细滑状即可。

也能这样搭

菠菜 + 花生

富含的 B 族维生素可稳定情绪，缓解由于压力大导致的失眠、头痛、烦躁等。

缓解心理压力
哈密瓜酸奶汁

材料:

酸奶 ......250 毫升

哈密瓜 ......100 克

做法:

哈密瓜去皮、籽,洗净,切小丁,放入榨汁机中,加入酸奶,搅打成口感细滑状即可。

也能这样搭

酸奶 + 黑巧克力

二者搭配有放松心情的作用,能使人心情愉悦,对抗抑郁和压力。

健脾养胃

胃主受纳，脾司运化，食物进入体内后的消化吸收过程离不开脾胃的活动。蔬果汁温润、稀软，富含水分，营养丰富，易于消化吸收，不会增加脾胃的负担，对健脾养胃有益。

饮食要点

三餐定时定量，到了吃饭时间，不管肚子饿不饿，都应主动进食，避免过饥或过饱。吃东西时要细嚼慢咽。饮食的温度应以"不烫不凉"为度。不吃那些会刺激胃液分泌的食物，如浓茶、咖啡、甜食。

 宜吃食物

 山药

可补脾健胃，适合脾胃功能不好的人食用。

 陈皮

能理气健脾，可用于脾胃气滞的调理。

 小米

能补脾益胃，适合脾虚体弱者食用。

红枣

红枣具有健脾和胃的作用，是脾胃虚弱者的调养佳品。

 生姜

有助于温脾胃，适合脾胃寒凉者。

 木瓜

可增强脾胃功能，促进食物消化、营养吸收。

厚肠胃、补脾气
山药芋头汁

材料:

山药 ......80 克

小芋头 ......30 克

熟豆浆 ......400 毫升

做法:

1. 山药、芋头分别洗净,蒸熟,去皮,切小丁。
2. 将切好的山药和芋头一同放入榨汁机中,加入豆浆,搅打成口感细滑状即可。

也能这样搭

山药＋莲子

二者搭配可健脾益气,适用于脾胃虚弱,食少纳差,肢体无力。

调中开胃、理气降逆

红豆陈皮汁

材料：

陈皮 ......15 克

红小豆 ......50 克

凉开水 ......400 毫升

蜂蜜 ...... 少许

做法：

1. 陈皮洗净，用清水泡软，切碎；红小豆淘洗干净，用清水浸泡3~4 小时，煮熟。

2. 将陈皮和红小豆一同放入榨汁机中，加入凉开水和蜂蜜，搅打成口感细滑状即可。

也能这样搭

陈皮 + 蜂蜜

二者搭配具有益气补中的功效，适合气虚者食用。

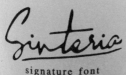

养脾胃
红枣红薯汁

材料:

红枣 ......4 枚

红薯 ......50 克

纯牛奶 ......400 毫升

做法:

1. 红枣洗净,去核;红薯洗净,蒸熟,切小丁。
2. 将红枣和红薯一同放入榨汁机中,加入牛奶,搅打成口感细滑状即可。

也能这样搭

红枣 + 南瓜

二者搭配能补中益气,适用于脾胃虚弱、营养不良者。

养心护心

《黄帝内经》中说："心为君主之官。"意思是五脏六腑之中，心是主宰。心脏的功能正常，则其他脏腑才会健康；心脏的功能不正常，各个脏腑功能也会失常。每天结合自己的体质饮用一杯蔬果汁，能保护心脏，让心脏更有活力。

饮食要点

适量吃些味苦的食物，苦味与心相应，能补心，可增强心脏的功能。吃些红颜色的食物，红色食物进入人体后可入心、入血，能增强心脏的功能。少肉多蔬果，肉吃多了，血液中脂肪含量高，会增加心脏的负担，加快毒素的产生，而常吃些新鲜蔬果，有助于为心脏减负，促进毒素排出，有益心脏的健康。

🍲 宜吃食物

小麦
能养心安神、除烦、止心悸。

红小豆
既能清心火，又能补心血。

红枣
含有的环磷酸腺苷，对保养心脏有益。

桂圆
能益心脾、补气血，改善心脾虚损、气血不足。

莲子
含有的生物碱有强心作用，能抗心律不齐。

花生
富含多不饱和脂肪酸，能降低患心脏病的风险。

健脾养心
红枣山楂汁

材料：

红枣 ......4 枚

山楂 ......3 个

凉开水 ......300 毫升

蜂蜜 ...... 少许

做法：

1. 红枣洗净，去核，切小
   丁；山楂洗净，去蒂、
   籽，切小丁。

2. 将切好的红枣和山楂一
   同放入榨汁机中，加入
   凉开水和蜂蜜，搅打成
   口感细滑状即可。

也能这样搭

红枣 + 山药

二者搭配能健脾养心，适合
神经衰弱所致的失眠、多梦、
胸中烦闷人群的辅助调养。

有益心脏健康

花生杏仁汁

材料：

花生米 ......15 克

大杏仁 ......10 克

熟豆浆 ......350 毫升

做法：

1. 花生米炒熟，擀碎；大杏仁擀碎。
2. 将擀碎的花生米和杏仁一同倒入榨汁机中，加入豆浆，搅打成口感细滑状即可。

也能这样搭

花生 + 核桃

二者搭配能增强动脉血管的弹性，增强心肌收缩力，改善心肌营养，对预防和调理心血管病有益。

补养心脾

桂圆番茄汁

材料:

鲜桂圆肉 ......150 克

番茄 ......1 个

凉开水 ......350 毫升

做法:

1. 鲜桂圆肉去核；番茄洗净，去蒂，切小块。
2. 将处理好的桂圆肉和番茄一同放入榨汁机中,加入凉开水,搅打成口感细滑状即可。

也能这样搭

桂圆 + 小麦

二者搭配能补血安神，可缓解更年期失眠、心烦等症状。

疏肝养肝

肝脏是人体消化系统中最大的消化腺，承担着维持生命的重要功能，与健康息息相关。合理的饮食对肝脏有很好的保护作用，可以常喝些用蔬菜和水果搭配而成的蔬果汁来补充营养，呵护肝脏健康。

饮食要点

吃点酸味食物，酸味与肝相应，能补肝，可增强肝脏的功能。养肝护肝宜清淡饮食，尽量少吃油腻、油炸、辛辣食物，不喝酒。尽量不吃罐头、方便面等加工食品，因为其中含有较多的色素和防腐剂，过量食用会增加肝脏的负担，不利于肝脏健康。

宜吃食物

 芹菜
有益肝气循环、代谢，还能舒缓肝郁。

 绿豆
含有丰富的胰蛋白酶抑制剂，可保护肝脏。

 枸杞子
能补益肝脏，可预防和调养脂肪肝。

 胡萝卜
富含的维生素 A 原有助于肝细胞的修复。

 菠菜
能滋阴润燥、疏肝养血。

 乌梅
能和肝气、养肝血，提高肝脏的排毒和代谢功能。

滋阴平肝

菠菜金橘汁

材料:

菠菜 ......100 克

金橘 ......4 个

凉开水 ......400 毫升

做法:

1. 菠菜择洗干净，焯水，过凉，攥去水分，切小段；金橘洗净，去皮、籽。
2. 将切好的菠菜和金橘一同放入榨汁机中，加入凉开水，搅打成口感细滑状即可。

也能这样搭

- - - - - - - - - - - - - - - -

菠菜 + 荠菜

二者搭配能促进肝脏排毒，减轻肝脏的负担，具有强肝功效。

增强肝细胞活力

绿豆红薯汁

材料：

绿豆 ......15 克

红薯 ......50 克

纯牛奶 ......400 毫升

做法：

1. 绿豆淘洗干净，用清水浸泡 3~4 小时，煮熟；红薯洗净，蒸熟，去皮，切小块。
2. 将煮熟的绿豆和红薯一同放入榨汁机中，加入牛奶，搅打成口感细滑状即可。

也能这样搭

绿豆 + 白扁豆

二者搭配能够清热解暑、养肝护胃。

芹菜芒果汁

材料：

芹菜 ......100 克

芒果 ......1 个

凉开水 ......350 毫升

做法：

1. 芹菜去根，洗净，留叶切小段；芒果洗净，去皮、核，切小块。将切好的芹菜和芒果一同放入榨汁机中，加入凉开水，搅打成口感细滑状即可。

也能这样搭

芹菜＋洋葱

二者搭配能促进肝脏产生谷胱甘肽，中和细胞中的自由基，起到解毒抗衰老作用。

润肺养肺

肺主呼吸，肺通过呼吸运动吸入自然界的清气，呼出体内的浊气，实现体内外气体交换的功能。肺是最为娇嫩的器官，容易受到外邪的侵袭，而很多蔬菜、水果具有养肺护肺的功效。

饮食要点

常吃些百合、莲藕等润肺食物，对肺可起到一定的养护作用。多喝水可以润肺，加速肺循环，每天饮水量宜在 1500 ～ 2000 毫升，以白开水为主。吃些白色食物，白色食物能养肺润肺。不要食用过寒的食物，尤其是冷饮。

🍲 宜吃食物

 银耳

能滋阴润肺，可调理肺燥、肺热。

 荸荠

能清热润肺，可缓解肺热咳嗽。

 百合

能润肺止咳，改善肺部功能。

 莲藕

熟吃能滋阴补肺，生吃能清热润肺。

 雪梨

能润肺、化痰、止咳，可滋润、保养肺部。

 白萝卜

熟吃能润肺化痰，生吃能清肺热、止咳嗽。

补肺润肺

雪梨菠萝汁

材料:

雪梨 ......1 个

菠萝肉 ......100 克

凉开水 ......400 毫升

做法:

1. 雪梨洗净，去蒂、核，切小丁；菠萝肉用淡盐水浸泡去涩味，切小块。

2. 将切好的雪梨和菠萝一同放入榨汁机中，加入凉开水，搅打成口感细滑状即可。

也能这样搭

雪梨 + 黄瓜

二者搭配具有清肺润喉的功效，可缓解哮喘。

白萝卜草莓汁

材料

白萝卜 ......100 克

草莓 ......50 克

凉开水 ......300 毫升

做法：

1. 白萝卜去蒂，洗净，切小丁；草莓洗净，去蒂，切小块。

2. 将切好的白萝卜和草莓一同放入榨汁机中，加入凉开水，搅打成口感细滑状即可。

也能这样搭

白萝卜 + 苹果

二者搭配能生津止渴、润肺除烦，可改善呼吸系统疾病和肺功能。

润肺养肺

百合黄瓜橙汁

材料:

鲜百合 ......15 克
黄瓜 ......1/2 根
橙子 ......1/2 个
凉开水 ......350 毫升

鲜百合分瓣,洗净;黄瓜去蒂,洗净,切小丁;橙子洗净,去皮、籽,切小块。

2. 将处理好的百合、黄瓜和橙子一同放入榨汁机中,加入凉开水,搅打成口感细滑状即可。

也能这样搭

- - - - - - - - - - - - - - -

百合 + 花生

二者搭配可收到滋阴养肺的功效,能缓解干咳热喘。

益肾养肾

想健康，养肾十分重要。日常多注意饮食调养可起到事半功倍的效果，常喝些蔬果汁就很不错。蔬果汁富含的水分和维生素等营养物质能帮助人体将新陈代谢的废物排出，降低有毒物质在肾脏中的浓度，避免肾脏受到损害。

饮食要点

每天应喝水 1500 ～ 2000 毫升，最好喝白开水，也可以喝些淡茶。吃些黑色食物，中医认为黑色入肾，黑色食物对肾脏可起到滋养和呵护作用。盐的摄入量不宜多，每天盐的摄入量不宜超过 5 克，高盐膳食会增加肾脏负担。少喝饮料，饮料中含有大量的人工色素，会增加肾脏的代谢负担。

🍲 宜吃食物

 黑豆

能补肾强身，适合肾虚者食用。

 枸杞子

能补肾养肾、除腰痛，适合肾虚者食用。

 核桃

能补肾固精、利尿消石，常用于肾虚腰痛、尿路结石等症。

 黑芝麻

能滋补肾脏，常用于调理肾虚血亏。

 山药

能健脾胃、益肾气，久食可以轻身延年。

 板栗

治肾虚、腰腿无力，能强肾益气。

杞枣芹菜汁

材料:

枸杞子 ......10 克

红枣 ......3 枚

芹菜 ......50 克

凉开水 ......350 毫升

蜂蜜 ...... 少许

做法:

1. 枸杞子洗净,用清水泡软;红枣洗净,去核;芹菜去根,洗净,留叶切小段。

2. 将处理好的枸杞子、红枣、芹菜一同放入榨汁机中,加入凉开水和蜂蜜,搅打成口感细滑状即可。

也能这样搭

枸杞子 + 胎菊

二者搭配能调理内分泌、滋补肝肾、益精明目,对更年期综合征见眩晕耳鸣及烦躁易怒症状者有较好疗效。

補肝腎

黑芝麻山药汁

材料：

黑芝麻 ……25 克

山药 ……50 克

熟黄豆豆浆 ……400 毫升

做法：

1. 黑芝麻炒熟，擀碎；山药洗净，蒸熟，去皮，切小丁。

2. 将黑芝麻和山药一同放入榨汁机中，加入黄豆豆浆，搅打成口感细滑状即可。

也能这样搭

黑芝麻 + 腰果

二者搭配具有补肾助阳、调理肾虚的功效，有助于改善肾虚所致的耳聋耳鸣、腰膝酸软、遗精、早泄等。

山药红枣百合汁

材料：

山药 ......80 克

红枣 ......3 枚

鲜百合 ......15 克

凉开水 ......400 毫升

蜂蜜 ...... 少许

做法：

1. 山药洗净，蒸熟，去皮，切小丁；红枣洗净，去核，切小丁；鲜百合分瓣，洗净。

2. 将处理好的山药、红枣和鲜百合一同放入榨汁机中，加入凉开水和蜂蜜，搅打成口感细滑状即可。

也能这样搭

山药 + 黑米

二者搭配可以滋补肝肾、益气活血，改善头昏目眩、腰膝酸软和大小便不畅的症状。

强健血管

血管是人体的重要组成部分，血管健康决定人的寿命，而由胆固醇沉积形成的动脉粥样硬化斑块是威胁血管健康重要的因素。血管要健康，合理膳食是不能忽略的要素之一，常喝些清淡的蔬果汁，能让血管更健康。

饮食要点

建议每日的主食中要含有 50~150 克的全麦，如玉米、小米、燕麦、黑米、荞麦、糙米等。多吃深绿色的蔬菜和水果，多吃豆类和豆制品，少吃肉类，少吃盐和糖，最好不饮酒。

🍲 宜吃食物

山楂

能活血化瘀、降血脂，预防和减少血液中脂类堆积造成的血管堵塞。

苹果

含有的膳食纤维和类黄酮有助于保护心血管健康。

燕麦

含有的多酚类抗氧化物能阻止血栓形成，抑制动脉粥样硬化。

洋葱

洋葱能保持血管弹性，降低血液黏稠度，预防血栓形成。

红葡萄

含有的逆转酶能减缓动脉壁上胆固醇的堆积，有益血管健康。

绿茶

可降血脂，预防微血管壁破裂出血。

养护血管
山楂番石榴橙汁

材料:

山楂 ......5 粒

番石榴 ......50 克

橙子 ......1 个

凉开水 ......400 毫升

做法:

1. 山楂洗净,去蒂、籽,切小丁;番石榴洗净,切小块;橙子洗净,去皮、籽,切小块。

2. 将切好的山楂、番石榴、橙子一同放入榨汁机中,加入凉开水,搅打成口感细滑状即可。

也能这样搭

山楂 + 猕猴桃

富含维生素 C,二者搭配可降低血中胆固醇及甘油三酯水平,对高血压、心血管疾病具有预防和调养作用。

抗动脉硬化
洋葱苹果汁

材料：

洋葱 ......1/4 个
苹果 ......1/2 个
凉开水 ......350 毫升
蜂蜜 ...... 少许

做法：

1. 洋葱去蒂，撕去外皮，洗净，切丝；苹果洗净，去蒂、核，切小丁。

2. 将切好的洋葱和苹果一同放入榨汁机中，加入凉开水和蜂蜜，搅打成口感细滑状即可。

也能这样搭

洋葱＋番茄

富含多种抗氧化物质，二者搭配能降低胆固醇，避免血小板聚集形成血栓，降低患心血管疾病风险。

双莓红葡萄果汁

材料：

红葡萄粒 ......100 克

草莓 ......5 个

蓝莓 ......20 克

凉开水 ......350 毫升

做法：

1. 红葡萄洗净，对半切开；草莓洗净，去蒂，对半切开；蓝莓洗净。
2. 将处理好的红葡萄、草莓和蓝莓一同放入榨汁机中，加入凉开水，搅打成口感细滑状即可。

也能这样搭

红葡萄 + 树莓

二者所富含的天然酚类化合物，可以改善血管功能。

改善畏寒

畏寒怕冷可由贫血、低血压、甲状腺功能减退、内分泌失调而引起，但大多数畏寒怕冷、四肢发凉的人属于亚健康状态，主要原因是饮食不当、营养缺乏、衣着不当、缺乏运动等。

饮食要点

适当多吃些性温热的食物，如羊肉、虾、韭菜、糯米、红枣等，可起到暖身祛寒的作用。应少食寒凉之品，以免伤及阳气，如鸭肉、螃蟹、蚌肉、牛奶、苦瓜、冬瓜、西瓜、荸荠、菊花、薄荷等寒凉食品。也应慎食滋腻味厚之物。

🥢 宜吃食物

 海带
富含的碘具有产热效应。

 鲜枣
富含的维生素 C 可提高人体对寒冷的适应能力。

 南瓜
富含维生素 A 原，能增强人的耐寒能力。

 桂圆
有温阳益气的作用，可提高御寒能力。

 黑木耳
富含的铁有调节体温、保持体温的作用。

 生姜
能温暖身体，促进血液循环，改善虚寒症状。

祛寒暖胃

南瓜柑橘汁

材料：

南瓜 ......100 克

柑橘 ......1 个

温开水 ......300 克

做法：

1. 南瓜去皮、籽，洗净，蒸熟，切小丁；柑橘洗净，去皮、籽，切小块。

2. 将切好的南瓜和柑橘一同放入榨汁机中，加入温开水，搅打成口感细滑状即可。

也能这样搭

南瓜＋糯米

二者搭配能够补养人体正气，食后会周身发热，可起到滋补、御寒的作用。

改善手脚冰凉

桂圆荔枝红枣汁

材料:

鲜桂圆肉 ......100 克

荔枝 ......4 个

红枣 ......3 枚

温开水 ......400 毫升

做法:

1. 桂圆肉去核,切小丁;荔枝洗净,去皮、核,切小丁;红枣洗净,去核,切小丁。

2. 将处理好的桂圆、荔枝、红枣一同放入榨汁机中,加入温开水,搅打成口感细滑状即可。

也能这样搭

桂圆 + 红小豆

中医认为,红豆能补气血,和桂圆一起搭配煮汤,暖身效果更好。

改善怕冷

胡萝卜苹果姜汁

材料：

鲜生姜 ......10 克

胡萝卜 ......1/2 根

苹果 ......1/2 个

温开水 ......350 毫升

蜂蜜 ...... 少许

也能这样搭

生姜 + 红茶

二者搭配能暖身祛寒，对肩膀酸痛、风湿等有较好的预防和调理作用。

做法：

1. 姜洗净，切小丁；胡萝卜去蒂，洗净，切小丁；苹果洗净，去蒂、核，切小丁。

2. 将切好的姜、胡萝卜和苹果一同放入榨汁机中，加入温开水和蜂蜜，搅打成口感细滑状即可。

改善健忘

　　年龄的增长会让身体的很多器官功能有所退化，脑部开始衰老的最主要表现就是健忘。把具有增强记忆力功能的蔬菜和水果榨成蔬果汁饮用，能对大脑有针对性地进行营养补充，改善健忘，增强记忆力。

饮食要点

　　蔬菜、谷类不能少，蔬菜和谷类食物富含多种维生素和矿物质，还富含膳食纤维，这些营养物质有助于改善大脑功能，提高记忆力。少吃甜食，过量食用甜食会导致认知减退，记忆力下降，健忘。常喝茶水能使大脑更健康，能预防因衰老引起的记忆力减退。每餐不宜过饱。

🍴 宜吃食物

 桂圆

能营养大脑，调整大脑皮层功能，改善和增强记忆力。

 大豆

含有的卵磷脂是构成脑部记忆的物质和原料。

 牛奶

可提供大脑所需的各种氨基酸，增强大脑活力，改善记忆力。

 圆白菜

能缓解大脑疲劳，有增强记忆力的作用。

 核桃仁

富含不饱和脂肪酸，能营养脑细胞，增强记忆力。

 苹果

含有抗氧化物质，能提高乙酰胆碱的水平，对提高记忆力有帮助。

提神醒脑、增强记忆

苹果李子薄荷汁

材料:

苹果 ......1 个

李子 ......2 个

鲜薄荷叶 ......10 克

凉开水 ......350 毫升

做法:

1. 苹果洗净,去蒂、核,切小丁;李子洗净,去核,切小丁;鲜薄荷叶洗净,切碎。

2. 将切好的苹果、李子和薄荷叶一同放入榨汁机中,加入凉开水,搅打成口感细滑状即可。

也能这样搭

苹果 + 紫葡萄·

二者搭配有助于保护脑功能,减缓或者逆转记忆力减退。

健脑、改善健忘

桂圆莲子菠萝汁

材料：

鲜桂圆肉 ......100 克

莲子 ......5 克

菠萝肉 ......80 克

凉开水 ......350 毫升

做法：

1. 桂圆肉去核；莲子洗净，用清水泡软；菠萝肉用淡盐水浸泡去涩味，切小丁。
2. 将处理好的桂圆肉、莲子和菠萝一同放入榨汁机中，加入凉开水，搅打成口感细滑状即可。

也能这样搭

桂圆 + 菠菜

含有丰富的铁，铁与记忆力、注意力、心智功能有关。

核桃仁糙米牛奶汁

材料：

核桃仁 ......25 克

糙米 ......20 克

纯牛奶 ......400 毫升

做法：

1. 核桃仁炒熟，凉凉，擀碎；糙米淘洗干净，用清水浸泡 1 小时，蒸熟。

2. 将核桃仁碎和熟糙米一同放入榨汁机中，加入牛奶，搅打成口感细滑状即可。

也能这样搭

核桃＋黑芝麻

二者搭配有较好的健脑、抗衰老功效，对改善大脑功能有重要作用，能改善健忘。

PART 5

特殊人群蔬果汁

——适合的就是最好的

　　孕妇、吸烟人群、嗜酒者、因应酬长期不回家吃饭的外食族……不同的人群需要不同的营养供给，怎样才能补充身体所需，均衡营养呢？针对特殊人群搭配的健康蔬果汁，不仅含有丰富的营养，还能增强体质。每天一杯特调蔬果汁，可以使特殊人群得到较好的调理，不给健康留下隐患。

孕 妇

怀孕期间母子一体，孕期饮食的好坏关系着妈妈和胎儿的健康。孕妇适量喝些蔬果汁，可补充养分，且对胎儿没有不良影响，还能改善妊娠呕吐、水肿、食欲不振。

饮食要点

孕早期（1～3个月）吃些小米、山药、南瓜、鲫鱼等健脾和胃的食物，以减轻脾胃的负担。孕中期（4～6个月）吃些乌鸡、虾仁、鸡蛋等补气血食物，此时胎儿生长速度较快，对气血的需求更多。孕晚期（7～9个月）应控制盐和水分的摄入量，以免加重水肿；适当限制米、面等主食的摄入量，以免胎儿过大。

🍲 宜吃食物

 冬瓜
高钾低钠还利尿，可有效缓解孕期水肿。

 柚子
有降逆止呕之功，可缓解孕吐。

 花生
富含多不饱和脂肪酸，对胎儿大脑及视力发育有益。

 小米
能增强食欲，改善消化吸收功能，缓解孕期食欲不振。

 鸡蛋
富含的蛋白质是胎儿生长发育必需的营养物质。

 海带
富含的碘是宝宝大脑发育必需的营养素。

预防胎儿畸形
小白菜番茄汁

材料:

小白菜 ......100 克

番茄 ......1 个

橙子 ......1 个

温开水 ......350 毫升

做法:

1. 小白菜择洗干净,切短段;番茄洗净,去蒂,切小块;橙子洗净,去皮、籽,切小块。

2. 将切好的小白菜、番茄和橙子一同放入榨汁机中,加入温开水,搅打成口感细滑状即可。

也能这样搭

小白菜 + 莴苣

小白菜和莴苣都富含叶酸,二者搭配叶酸含量丰富,可预防胎儿神经管缺陷。

冬瓜黄瓜汁

材料:

冬瓜 ......100 克
黄瓜 ...... 半根
温开水 ......350 毫升
蜂蜜 ...... 少许

做法:

1. 冬瓜去皮、籽,洗净,切小丁;黄瓜去蒂,洗净,切小丁。
2. 将切好的冬瓜和黄瓜一同放入榨汁机中,加入温开水和蜂蜜,搅打成口感细滑状即可。

也能这样搭

冬瓜 + 牡蛎

二者搭配可以补充胎儿在母体中所需的锌和碘,还能提高孕妇的抗感染能力以及促进新陈代谢。

缓解孕期失眠、孕吐
柚子菠萝汁

材料:

柚子 ......150 克

菠萝肉 ......50 克

温开水 ......350 毫升

做法:

1. 柚子洗净,去皮、籽,切小块;菠萝肉用淡盐水浸泡去涩味,切小块。

2. 将切好的柚子和菠萝一同放入榨汁机中,加入温开水,搅打成口感细滑状即可。

柚子 + 草莓

富含的维生素 C 可以提高胎儿的脑功能敏锐性,并对胎儿的造血系统健全和机体抵抗力的增强有促进作用。

老年人

　　蔬果汁容易消化吸收，不需咀嚼，老年人一般消化能力弱，牙齿不全，更适合通过适量饮用蔬果汁来补充营养。同时，蔬果汁也适合体弱及病患者调养使用。

饮食要点

　　饮食清淡、少盐，避免摄入过多的脂肪。主食中应有一定量的粗粮、杂粮，粗杂粮包括全麦面、玉米、小米、荞麦、燕麦等。饮食要荤素兼顾，品种越多越好。禽肉和鱼类脂肪含量较低，较易消化，较适合老年人食用；畜肉饱和脂肪和胆固醇含量较高，应少吃或不吃。

🍲 宜吃食物

 牛奶
是钙质的最好来源，可预防骨质疏松症和骨折。

 花生
富含多种氨基酸，能增强记忆、降低血压、延缓衰老。

 **番茄**
含抗氧化物质番茄红素，能保护血管，预防动脉硬化。

 黄豆
可抑制体内脂质过氧化，预防心脑血管疾病。

 苦瓜
有明目退翳的作用，适合患有白内障的老年人食用。

 燕麦
能降低胆固醇，预防心脑血管疾病。

西蓝花牛奶蜂蜜汁

材料：

纯牛奶 ......400 毫升

西蓝花 ......100 克

蜂蜜 ...... 少许

做法：

西蓝花择洗干净，掰成小朵，放入榨汁机中，加入牛奶和蜂蜜，搅打成口感细滑状即可。

也能这样搭

牛奶 + 山药

二者搭配具有益寿、延缓衰老的作用，还能预防心脑血管疾病的发生，降低血小板聚集，抑制肿瘤的生成。

改善黄斑病
番茄香蕉汁

材料:

番茄 ......1 个

香蕉 ......1/2 个

温开水 ......350 毫升

做法:

1. 番茄洗净,去蒂,切小块;
   香蕉去皮,切小块。
2. 将切好的番茄和香蕉一同
   放入榨汁机中,加入温开
   水,搅打成口感细滑状即
   可。

也能这样搭

番茄 + 菜花

二者搭配有预防癌症、心脑血管
疾病的功效,其富含延缓衰老的
抗氧化成分,具有提高免疫力、
增进老年人身体健康的作用。

保护肝脏

苦瓜猕猴桃汁

材料:

苦瓜 ......1/2 个

猕猴桃 ......1 个

温开水 ......400 毫升

做法:

1. 苦瓜洗净，去蒂、籽，切小丁；
   猕猴桃洗净，去皮，切小块。
2. 将切好的苦瓜和猕猴桃一同
   放入榨汁机中，加入温开水，
   搅打成口感细滑状即可。

也能这样搭

苦瓜 + 红薯

二者搭配有助于降低胆固
醇，预防和调理高血脂、
动脉粥样硬化。

儿童

　　自制的蔬果汁富含膳食纤维、维生素C、钙、铁等营养成分，儿童常喝能更好地吸收生长发育所需要的营养，有益身体健康发育，还能增强免疫力。

饮食要点

　　儿童的膳食应注意营养均衡，食物品种丰富多样，粗细粮交替，荤素菜搭配，软硬适中，有干有稀。儿童饮食口味应以清淡为好，避免食物过分油腻和过咸。不挑食。每天摄入一定量的牛奶及奶制品。

🍲 宜吃食物

 菠菜

富含胡萝卜素和叶酸，能增强抵御传染病的能力。

 苹果

增强记忆力，预防儿童便秘。

 猕猴桃

促进消化，增强食欲，润燥通便。

胡萝卜

能平衡免疫力，增强抗病能力。

 鸡蛋

促进生长发育、强壮体质及健脑益智。

 牛奶

增强体质，补充钙质，预防发育迟缓、佝偻病等。

胡萝卜火龙果汁

材料:

胡萝卜 ......100 克

火龙果肉 ......60 克

温开水 ......350 毫升

做法:

1. 胡萝卜去蒂, 洗净, 切小丁; 火龙果肉切小丁。

2. 将切好的胡萝卜和火龙果一同放入榨汁机中, 加入温开水, 搅打成口感细滑状即可。

也能这样搭

胡萝卜 + 南瓜

二者搭配富含的胡萝卜素进入人体内, 在肠和肝脏可转变为维生素 A, 有助于增强儿童的体质、提高儿童的免疫力, 有效预防儿童感冒。

改善消化不良、便秘

苹果紫薯汁

材料:

苹果 ......1 个

紫薯 ......50 克

温开水 ......400 毫升

做法:

1. 苹果洗净,去蒂、核,切小丁;
   紫薯洗净,蒸熟,去皮,切小丁。

2. 将切好的苹果和紫薯一同放
   入榨汁机中,加入温开水,搅
   打成口感细滑状即可。

也能这样搭

苹果 + 荠菜

儿童的血铅容易超标,二者搭
配具有解铅毒的作用,能减少
铅的吸收,有效帮助儿童排铅。

牛油果芝麻牛奶汁

材料：

牛油果 ......1/2 个

黑芝麻 ......15 克

纯牛奶 ......350 毫升

做法：

1. 牛油果洗净，去皮、核，切小丁；黑芝麻炒熟，凉凉，擀碎；牛奶加热至温热。

2. 将牛油果丁和黑芝麻碎一同放入榨汁机中，加入温牛奶，搅打成口感细滑状即可。

也能这样搭

牛奶 + 木瓜

二者搭配能健脾胃、助消化，可用于宝宝胃痛、消化不良等的调养。

吸烟人群

吸烟可增加吸烟者体内维生素的消耗量，吸烟者常喝些蔬果汁，可补充由于吸烟所引起的维生素缺乏，还能起到排毒、护肺的作用，有助于增强自身的免疫力。

饮食要点

吸烟容易引发心血管疾病，吸烟者应常吃些鱼。常喝茶，茶叶中的茶多酚能降低烟对人体的毒害，还有抑制致癌物质形成的作用。香烟中的尼古丁被吸入人体后会促使人体内的维生素 C 含量下降，宜常吃些新鲜蔬果以补充维生素 C。

🥡 宜吃食物

 黄豆

抑制胆固醇合成，减少胆固醇及脂肪沉积在血管。

 草莓

补充因吸烟消耗的维生素C，抑制癌细胞形成。

 杏仁

富含的维生素 E 可使吸烟者肺癌的发病率降低约 20%。

 胡萝卜

富含的胡萝卜素能抑制烟瘾，对减少吸烟量和戒烟有益。

 绿茶

能利尿解毒，可促进烟中的有毒物随尿液排出。

 白果

可降低吸烟人群高发的脑血栓、心绞痛等病症。

保护肺功能

胡萝卜猕猴桃汁

材料:

胡萝卜 ......1/2 根

猕猴桃 ......1 个

凉开水 ......300 毫升

做法:

1. 胡萝卜去蒂，洗净，切小丁；
   猕猴桃洗净，去皮，切小块。
2. 将切好的胡萝卜和猕猴桃一
   同放入榨汁机中，加入凉开水，
   搅打成口感细滑状即可。

也能这样搭

胡萝卜 + 深海鱼

吸烟者是肺病（尤其是肺癌）
的高危人群，二者搭配能降低
吸烟者患肺病的风险，可使支
气管炎的发病率降低 1/3。

预防慢性阻塞性肺疾病

黄瓜玉米豆浆汁

材料：

熟黄豆豆浆 ......400 毫升

黄瓜 ......50 克

嫩玉米粒 ......20 克

做法：

1. 黄瓜去蒂，洗净，切小丁；嫩玉米粒，洗净，煮熟。
2. 将处理好的黄瓜和玉米粒一同放入榨汁机中，加入黄豆豆浆，搅打成口感细滑状即可。

也能这样搭

黄豆豆浆＋芝麻

含有丰富的干酪素，二者搭配具有减轻尼古丁毒性的作用。

减少吸烟对人体的损伤

杏仁木瓜牛奶汁

材料:

大杏仁 ......20 克

木瓜 ......100 克

纯牛奶 ......400 毫升

做法:

1. 大杏仁擀碎；木瓜去皮、籽，切小丁。
2. 将杏仁碎和木瓜丁一同放入榨汁机中，加入牛奶，搅打成口感细滑状即可。

也能这样搭

杏仁 + 菠菜

二者搭配所富含的维生素 E 和胡萝卜素，可以为吸烟者的肺部提供一些保护，减轻吸烟带来的伤害。

夜班工作人群

虽然都是工作，日班与夜班却有所不同。即使从事劳动强度相当的工作，夜班工作人员也会感到更加疲劳。这是因为在长期生活实践中，人们养成了日出而作、日落而息的习惯，形成了人体的自然规律，反其道而行之，对身体的生理和代谢均会产生影响。

饮食要点

供给充足的维生素 A 和 B 族维生素，维生素 A 能提高工作者对昏暗光线的适应力，防止视觉疲劳；B 族维生素能够解除疲劳，增强人体免疫力，而且对安定神经、舒缓焦虑紧张情绪也有帮助。增加蛋白质，尤其是优质蛋白质的摄入量。忌用大量咖啡来提神。

🍲 宜吃食物

 桑椹
有补肝、益肾的作用，适合夜班工作者食用。

 **橙子**
富含维生素 C，能提高身体抵抗力，缓解疲倦、急躁情绪。

 牛奶
含钙量丰富，改善夜班工作者易缺钙的问题。

胡萝卜
缓解眼睛疲劳，提高对昏暗光线的适应能力。

 黄豆
富含蛋白质，可补充能量的消耗，缓解疲劳，提高工作效率。

 花生
富含维生素 B_1，能改善食欲不振、注意力不集中等。

胡萝卜蓝莓汁

也能这样搭

材料：

胡萝卜 ......1/2 根

鲜蓝莓 ......30 克

凉开水 ......350 毫升

做法：

1. 胡萝卜去蒂，洗净，切小丁；蓝莓洗净。
2. 将胡萝卜丁和蓝莓一同放入榨汁机中，加入凉开水，搅打成口感细滑状即可。

胡萝卜 + 葵花籽

二者搭配含有的蛋白质、B 族维生素、维生素 E、钙和铁等矿物质，能有效抗疲劳，恢复体能，防止出现困乏而耽误工作。

增强体质
芦笋牛奶汁

材料:

芦笋 ......1 根
纯牛奶 ......400 毫升
蜂蜜 ...... 少许

做法:

芦笋去老根，洗净，焯水，切小丁，放入榨汁机中，加入牛奶和蜂蜜，搅打成口感细滑状即可。

也能这样搭

牛奶 + 银耳

二者搭配能清肝、润肺、滋阴，避免长期熬夜给肝脏带来的损害。

圆白菜豆浆汁

材料：

熟黄豆豆浆 ......400 毫升

圆白菜 ......50 克

蜂蜜 ...... 少许

做法：

圆白菜择洗干净，切丝，放入榨汁机中，加入黄豆豆浆和蜂蜜，搅打成口感细滑状即可。

也能这样搭

黄豆豆浆 + 枸杞子

二者搭配能补虚劳、益气血，对体质虚弱、视力减退等有调理作用。

外食族

　　一些上班族很少在家吃饭，而在外就餐的饭菜中味精、盐、油较多，长期食用会引起肥胖，造成营养素缺乏，对血压、血脂和血糖的控制不利，还容易引发心脑血管疾病。外食族常喝新鲜的蔬果汁，能降低外食对健康的不利影响。

饮食要点

　　每天最多只吃一顿外卖。点外卖时宜荤素搭配，建议将荤素比例控制在 1:3~1:4；少吃过油的菜，比如地三鲜、油焖茄子、干锅花菜，选择一些蒸煮、白灼、清炒的菜式为宜；自备些蔬果以平衡营养，建议每天带点适合生吃的蔬果，比如黄瓜、圣女果、猕猴桃等。注意隐形的热量，例如沙拉中的酱料热量就很高，如果要吃沙拉，建议自备一些脱脂酸奶或者醋来代替沙拉酱调味。

🍲 宜吃食物

芹菜

富含膳食纤维，帮助蔬果吃得不够多的外食族摆脱便秘困扰。

山楂

外食族脂肪摄入较多，山楂能减肥、降脂，预防脂肪肝。

香蕉

外食族吃得比较咸，香蕉富含的钾能促进钠（盐的主要成分）排出体外，预防高血压等疾病。

猕猴桃

富含的维生素 C 对威胁外食族健康的心血管疾病可起到预防作用。

酸奶

富含益生菌，能保护肠胃，清除肠道毒素。

芝麻酱

外食族钙的摄入量较少，芝麻酱富含钙，有助于补钙。

芹菜黄瓜黄桃汁

材料：

芹菜 ......100 克

黄瓜 ......1/2 个

黄桃 ......1/2 个

凉开水 ......400 毫升

做法：

1. 芹菜去根，洗净，留叶切小段；黄瓜去蒂，洗净，切小丁；黄桃洗净，去核，切小丁。

2. 将切好的芹菜、黄瓜和黄桃一同放入榨汁机中，加入凉开水，搅打成口感细滑状即可。

也能这样搭

芹菜 + 深海鱼

二者搭配能排毒抗炎，帮助消除体内自由基，降低经常外食对健康的不良影响。

促消化、防癌
猕猴桃芹菜汁

材料:

猕猴桃 ......2 个
芹菜 ......50 克
凉开水 ......350 毫升

做法:

1. 猕猴桃洗净,去皮,切小块;芹菜去根,洗净,留叶切小段。
2. 将切好的猕猴桃和芹菜一同放入榨汁机中,加入凉开水,搅打成口感细滑状即可。

也能这样搭

猕猴桃 + 苹果

二者搭配可促进血液中的甘油三酯代谢,有助于润肠通便、排毒。

消食健胃

酸奶芒果汁

材料：

酸奶 ......250 毫升

芒果 ......1 个

做法：

芒果洗净，去皮、核，切
小丁，放入榨汁机中，加
入酸奶，搅打成口感细滑
状即可。

也能这样搭

酸奶 + 燕麦片

二者搭配能帮助外食族补充 B
族维生素，有益肠胃健康。

嗜酒者

嗜酒其实就是一种酒精依赖。嗜酒严重威胁身体健康，酒精对肝脏的伤害是最直接的，也是最大的。为了健康，应严格控制饮酒量，不要过量饮酒，想喝酒时就来一杯蔬果汁吧。

饮食要点

吃些保肝食物，过量饮酒是造成肝脏损伤、引起酒精肝等多种肝病的罪魁祸首。下酒菜尽量用醋调味，醋能与酒中的乙醇发生化学反应，生成乙酸乙酯，可减轻酒精对人体的伤害。常吃蔬果，能降低饮酒对身体的伤害。

🍲 宜吃食物

 菠菜

利五脏，通肠胃，解酒毒。

 柚子

能解酒毒，治饮酒人口气。

 梨

润肺凉心，消痰降火，解疮毒、酒毒。

 大白菜

富含的维生素和抗氧化剂能保护肝脏。

 绿茶

含有的茶多酚能缓解酒精中毒的效能。

 洋葱

能促进脂肪代谢，预防脂肪肝。

减轻肝脏负担

白梨哈密瓜汁

材料：

白梨 ......1 个

哈密瓜 ......100 克

凉开水 ......400 毫升

做法：

1. 白梨洗净，去蒂、核，切小丁；
   哈密瓜去皮、籽，洗净，切小丁。
2. 将切好的白梨和哈密瓜一同
   放入榨汁机中，加入凉开水，
   搅打成口感细滑状即可。

也能这样搭

梨 + 白萝卜

二者搭配对于酒后护肝很
有作用，可提高肝脏的功
能，促进乙醇分解，减轻
乙醇对肝脏的伤害。

大白菜葡萄汁

材料:

大白菜 ......100 克

紫葡萄粒 ......50 克

凉开水 ......400 毫升

做法:

1. 大白菜洗净,切丝;葡萄粒洗净,对半切开。
2. 将切好的大白菜和葡萄一同放入榨汁机中,加入凉开水,搅打成口感细滑状即可。

也能这样搭

大白菜 + 草莓

二者搭配富含的维生素 C,能补充嗜酒者身体过量消耗的维生素 C,并有助于促进酒精代谢。

改善肝功能

洋葱紫甘蓝汁

材料：

洋葱 ......1/4 个

紫甘蓝 ......20 克

凉开水 ......400 毫升

蜂蜜 ...... 少许

做法：

1. 洋葱去蒂、硬皮，洗净，切小丁；紫甘蓝洗净，切碎。

2. 将切好的洋葱和紫甘蓝一同放入榨汁机中，加入凉开水和蜂蜜，搅打成口感细滑状即可。

也能这样搭

洋葱＋玉米

二者搭配富含的 B 族维生素，可补充嗜酒者过量消耗的 B 族维生素，改善情绪不稳、精神不济等问题。

191

电脑工作者

对电脑工作者来讲，电脑辐射是一个可怕的隐形杀手。另外，电脑也会给操作者带来诸如眼睛干涩、颈椎疼痛、大脑疲劳等健康问题。常喝些蔬果汁，能让身体保持好状态，并能增强抵抗电脑辐射的能力。

饮食要点

常喝绿茶，绿茶有抵抗电脑辐射的作用。经常吃些海带、紫菜等藻类食物，可减轻辐射对身体免疫功能的损害，促进免疫细胞的活性。由于长时间注视电脑屏幕，视网膜上的感光物质消耗加快，应常吃些护眼食物。

🍲 宜吃食物

 海带
可排毒通便，有抗电脑辐射的作用。

 核桃
能健脑，对抗疲劳。

 绿豆
能清洁体内环境，对抗电脑辐射。

 木瓜
对颈椎病引起的头晕头痛、上肢麻木有缓解作用。

 胡萝卜
能保护视力、养护眼睛、缓解眼睛疲劳。

 牛奶
补钙安神，缓解久坐电脑前引发的烦躁不安。

补肝明目

胡萝卜油桃汁

材料：

胡萝卜 ......1/2 根

油桃 ......1 个

凉开水 ......350 毫升

做法：

1. 胡萝卜去蒂，洗净，切小丁；油桃洗净，去核，切小丁。

2. 将切好的胡萝卜和油桃一同放入榨汁机中，加入凉开水，搅打成口感细滑状即可。

也能这样搭

胡萝卜 + 苹果

二者搭配能缓解电脑工作者的不良情绪，还有提神醒脑之功。

缓解关节酸胀

木瓜黄瓜汁

材料:

木瓜 ......1/2 个

黄瓜 ......1/2 根

凉开水 ......400 毫升

做法:

1. 木瓜洗净,去皮、籽,切小丁;黄瓜去蒂,洗净,切小丁。
2. 将切好的木瓜和黄瓜一同放入榨汁机中,加入凉开水,搅打成口感细滑状即可。

也能这样搭

木瓜 + 刺梅果

二者搭配具有抗辐射、抗疲劳、抗衰老、耐缺氧的作用,很适合经常对着电脑工作的人。同时,还具有降血压、防癌、补脾益气、补心养血的功效。

减轻辐射对皮肤的损伤

核桃葡萄干酸奶汁

材料:

核桃仁 ......20 克

葡萄干 ......5 克

酸奶 ......350 毫升

做法:

1. 核桃仁掰成小块,擀碎;葡萄干洗净。

2. 将核桃仁碎和葡萄干一同放入榨汁机中,加入酸奶,搅打成口感细滑状即可。

也能这样搭

核桃仁 + 绿茶

二者搭配具有较强的抗氧化活性,有助于清除人体内的氧自由基,从而起到抗辐射的作用,降低辐射的危害。